荷花切花

生产与应用

主编　丁跃生　滕　清　章志远

江苏凤凰科学技术出版社·南京

图书在版编目（CIP）数据

荷花切花生产与应用 / 丁跃生等主编 . — 南京：
江苏凤凰科学技术出版社，2023.5
ISBN 978-7-5537-8981-1

Ⅰ . ①荷 … Ⅱ . ①丁 … Ⅲ . ①荷花 – 切花 – 育种
Ⅳ . ① S682.323

中国国家版本馆 CIP 数据核字（2023）第 037473 号

荷花切花生产与应用

主　　　编	丁跃生　滕　清　章志远	
责 任 编 辑	韩沛华	
责 任 校 对	仲　敏	
责 任 监 制	刘文洋	

出 版 发 行	江苏凤凰科学技术出版社
出版社地址	南京市湖南路1号A楼，邮编：210009
出版社网址	http：//www.pspress.cn
排　　　版	南京紫藤制版印务中心
印　　　刷	南京新世纪联盟印务有限公司

开　　　本	889 mm × 1 194 mm　1/16
印　　　张	14.75
字　　　数	300 000
插　　　页	4
版　　　次	2023年5月第1版
印　　　次	2023年5月第1次印刷

标 准 书 号	ISBN 978-7-5537-8981-1
定　　　价	188.00元（精）

序一

　　荷花为我国传统十大名花之一，也是少有的具有多种用途的花卉植物——既为水体绿化与湿地生态修复的植物，也是优良的盆花与切花材料。作为切花，在东南亚地区应用甚广。此外，其地下茎——莲藕为著名的蔬菜；而其种子——莲子属于药食两用的食材，既能鲜食也能与其他食物搭配制成营养食品。近年来，在荷叶、种托及其他部位发现含有丰富生物活性成分，包括荷叶碱、黄酮类及原花青素等，因而其功能不断得到拓展。

　　丁跃生先生是我国较早开展荷花新品种培育和生产的践行者。他培育了很多受市场欢迎的品种，在业内享有很高声誉。我也一直为丁先生对荷花事业孜孜以求的精神所敬佩所感动。从2001年起，丁先生就开始专注荷花切花的新品种选育、生产应用及切花产品开发，积累了诸多经验。在此基础上，丁先生联合江苏荷花生产者，共同编撰了《荷花切花生产与应用》。本书在参考了相关书籍，结合多年的科研实践后编写，具有很强的实用性与可操作性。书中介绍了荷花切花的发展现状与趋势，荷花切花的繁殖与栽培管理技术、病虫草害防治，荷花切花采后处理、贮藏保鲜等技术，以及荷花插花艺术；最后介绍了目前应用的主要荷花切花品种。本书汇集了最新的相关研究成果，内容丰富，图文并茂，语言简洁，通俗易懂。本书也是我国第一本专门介绍荷花切花的书籍，不仅适用于相关院校的学生阅读参考，对于荷花切花生产者和科研人员也具有参考价值。

　　在本书即将付梓之际，我很乐意受邀为本书写序，也希望本书的出版能够推动荷花切花事业的发展。

中国花卉协会荷花分会会长
西南林业大学园林园艺学院院长

（陈龙清）

2023 年 3 月

序二

认识南京艺莲苑花卉有限公司的丁跃生先生多年了,他是国内知名、成果卓著的荷花育种家。一直钦佩他长期致力于观赏荷花的杂交育种和栽培推广工作。前不久,他发来他与江苏荷花界同仁共同编写的《荷花切花生产与应用》,让我作序,着实令我诚惶诚恐。因为,本人虽从事过其他切花的研究,但很少从事荷花切花研究工作。看到书中荷花插花艺术中涉及很多传统历史文化,列举了古代《莲图》《荷图》,涨了不少知识。本人近年来,在学习宋诗词文化,那就从诗词角度浅薄地聊聊。

谈到荷花,人们自然就想到南宋杨万里那一首最著名的荷花诗《晓出净慈寺送林子方》中的名句:"接天莲叶无穷碧,映日荷花别样红。"这几乎已成为西湖的名片。其实,西湖乃至整个杭州最美的植物景观特征,在北宋就由柳永高度概括了:"重湖叠巘清嘉,有三秋桂子,十里荷花。"夏秋两季的典型景物,当然少不了荷花,桂香荷艳,直击人心。而在苏东坡眼里,真可谓:"东坡处处有西湖""四面垂杨十里荷,问云何处最花多。"(《浣溪沙·荷花》)。杭州有西湖,安徽颍州也有西湖,十里荷花真是秾丽迷人。

歌咏荷花,最早追溯到《诗经》的"山有扶苏,隰有荷华";在魏晋时期,曹植有《芙蓉赋》盛赞荷花"览百卉之英茂,无斯华之独灵";至宋代,从北宋的苏轼、欧阳修、王安石、周邦彦,到南宋的陆游、杨万里、范成大,大诗人们留下了众多的经典荷花篇章。值得一提的是,北宋前期歌咏最多的,既不是唐人偏爱的牡丹,也不是后来宋人偏爱的梅花,而是荷花。据南京师范大学"全宋词检索系统",《全宋词》中出现与"荷"相关的词665首,"莲"622首,"芙蓉"361首。经查证统计,《全宋诗》中收录关于荷花的诗多达2 615首。

荷花的韵味,最喜欢北宋周邦彦的《苏幕遮·燎沉香》:"叶上初阳干宿雨,水面清圆,一一风荷举。"一个"举"字便将荷叶亭亭玉立之姿,描绘得栩栩如生,可谓生动传神。王国维在《人间词话》中称赞此句:"真能得荷之神理者! 短短16个字,道尽荷之神韵。"而李清照《如梦令》中的一句"兴尽晚回舟，误入藕花深处。"便将闺阁少女的率真本性表露无遗；清溪漫滩、荷塘连连、荡漾红裳，初夏水景渗透了青春的野逸之情。

"江南可采莲，莲叶何田田，鱼戏莲叶间。"孩子们都熟知的汉代民歌《江南》，可能就是最早的采莲记载。有采莲，就有赠莲。因为荷花是美好的象征，还因为北宋周敦颐的传世名篇《爱莲说》，早就定义了荷花高洁、比德的品质。

宋代的种莲、赏荷、采莲，不能不再提到杨万里，他不仅写西湖的荷花，还对荷花细致地观察，著名《小池》诗云："小荷才露尖尖角，早有蜻蜓立上头。"活泼泼的生命，正如小荷。他写荷花，真是千姿百态，拟人如"荷盘不放荷尖出"，幽默如"阿谁得似青荷叶，解化清泉作水精"。他玩荷花"午睡起来无理会，银盆清水弄荷花"，还玩得很高兴"数片荷花漾水盆，忽然相聚忽然分"。他还种荷花"玉井移莲旋旋栽"；还吃莲子"玻璃盆面水浆底，醉嚼新莲一百蓬"。杨万里真乃古今第一"莲痴"。

作为主编之一的丁跃生先生是当代"莲痴"。他与他的同仁们，不仅培育了大量荷花新品种，还在大力推广我国荷花切花工作。作为中国传统十大名花之一，作为具有这么悠久历史、灿烂文化的荷花，却至今尚未实现切花的商品化生产，不能不说，这是一大憾事。幸而，这本《荷花切花生产与应用》专著即将面世。此书汇集了作者近年来积累的优秀切花新品种和科研实践成果，明确阐释了荷花切花的含义，其涉及荷花切花的生产栽培技术、繁殖技术、病虫草害防治、采后处理与贮藏保鲜等全产业链技术，并结合传统文化介绍荷花艺术插花作品，可读性强，可操作性强。这正是弥补了我国荷花切花生产与应用领域的一大空白。

从球宿根花卉领域而言，我国具资源优势的菊花、百合早已成国内大宗切花，其他如芍药、睡莲、中国水仙、鸢尾类、石蒜类、铁线莲也正在迎头赶上，而荷花无疑是最具有文化认知、市场潜力和技术可行的切花种类。期待这本专著成为我国荷花切花生产技术普及的重要推手，期待在市场上早日见到我们心目中的"花中君子"！

中国园艺学会球宿根花卉分会副会长

浙江大学园林研究所所长

夏宜平 （夏宜平）

2023 年 2 月于浙江大学紫金港校区

前言

　　早在 2002 年,笔者在昆明参加第 16 届全国荷花展览上,聆听陈俊愉院士的学术报告。他对中国荷花未来发展方向提出了五个要求,其中对荷花切花的期待令我印象最深。他指出:"荷花插瓶,始自南北朝,是一种饶具中华奇韵的东方插花形式。明朝《瓶史》中云:'荷花初折,直乱发缠根,取泥封孔'。此法简要而有效,惜已失传多年。"宋代大诗人苏东坡(1037—1101)在《格物粗谈》中也记有:"荷花乱发缠折处,泥封其窍,先入瓶底,后灌水,不令入窍,则多存数日。"对古人如此高超的荷花保鲜技艺羡慕不已,开始关注荷花切花。

　　然而,在现实荷花插花中,花艺师刚创作完作品,荷花的花瓣就脱落,荷叶出现失水,边缘干枯,严重地影响荷花在插花上的应用。为了解决荷花切花应用中的问题,2002 年,南京艺莲苑花卉有限公司就从事了荷花切花的育种工作。2005 年,南京艺莲苑花卉有限公司自选的"荷花切花的选育"课题,通过了南京市科委组织的,以中国现代观赏荷花奠基人王其超先生为专家组长的鉴定。选育的部分荷花切花品种至今仍被广泛应用,取得了良好的社会效益和经济效益。坐落在南京浦口区的西埂莲乡,是国内从事荷花栽培和种质资源保存较多的单位之一。在 2015 年,便开始进行莲种质资源系统收集、保存、交换与利用。现已有近 600 个特色荷花品种和 200 多个精品睡莲品种。随着战略转型和产业提质创新,从 2016 年起,便专注荷花切花的新品种选育、生产应用及切花产品开发,积累了宝贵的经验。

　　金陵作为六朝古都,荷文化历史悠久,特别是东晋南北朝时期,梁武帝崇佛,大兴寺院。杜牧有诗:"南朝四百八十寺,多少楼台烟雨中。"因为寺院众多,信众为了佛前供花,出现了插花艺术雏形。据《梁书·武帝本纪》记载:"天监十年(公元 511 年)五月乙酉,嘉莲一茎三花,生乐游苑。"这个嘉莲很可能是达摩祖师从印度带来献给梁武帝的千瓣莲，而"乐游苑"就是在如今的玄武湖的南岸。1994年，笔者在玄武湖南岸"情侣园"看到一片千瓣莲。可以说，南京玄武湖是国内千瓣莲的发源地之一。莲与佛有着千丝万缕的联系。佛前供花的花材，最初多为在江南水乡较为常见的莲花。南北朝时期供佛有没有使用千瓣莲做切花，因手头资料有限，无法考证。然而在江苏，荷花插花有广泛的群众基础，也为广大人民群众所喜闻乐见。

本书在参考了大量的切花生产栽培和插花艺术书籍的基础上，结合编著者多年的科研实践而编写。考虑到荷花切花栽培的实际，着重从生产出发，注重实用性与可操作性。全书共分七章，包括荷花切花的含义、荷花切花的生产栽培技术、繁殖技术、病虫草害的防治，以及荷花切花采后处理、贮藏保鲜，荷花切花的应用、荷花切花品种的介绍等。此书汇集了最新的科研成果，图文并茂，较为翔实，文字简洁，通俗易懂；适用于农林大学、农林高等职业技术学院的园艺、园林专业阅读，也可供荷花切花生产者、从业者等技术人员参考。

多年来，我们在从事荷花切花一系列科研过程中，得到了省、市农业和科技等部门的大力支持。江苏省中国科学院植物研究所刘晓静、杜凤凤两位科研人员，及陈少周、高晓静两位研究生，参与了荷花切花的选育、性状调查及品种整理工作；南京农业大学园艺学院王彦杰副教授及李鑫淼、张晓芝两位研究生参与了荷花切花的部分试验；华南农业大学林学与风景园林学院郁书君教授的花卉教研组团队李坤阳、刘国梁、刘佳美、景衍之四位研究生先后参与了荷花切花性状调查工作；信阳农林学院李万里、董亚博两位同学等，参与了荷花切花的部分试验。第六章第七节荷花插花艺术图片由非物质文化遗产吴韵插花传承弟子杨路萍精心创作。深圳市洪湖公园陈巧玲高级工程师、江西省花卉协会荷花分会副会长兼秘书长彭兴龙、武汉市农业科学院彭静研究员、江苏金湖荷花荡景区总经理汪洋、中国花道禅花门南京分部部长李缨、湖南怀化市花卉协会插花花艺分会会长曾馨逸、河北秦皇岛慈恩禅寺、澳门莲友麦家俊等，为本书提供了部分照片。本书中还引用了有关资料和文献，在此一并表示深深的谢意！

中国花卉协会荷花分会会长、西南林业大学园林园艺学院院长陈龙清教授,中国园艺学会球宿根花卉分会副会长、浙江大学园林研究所所长夏宜平教授,分别为本书作序。在此,感谢两位教授对我们工作给予的充分肯定。

由于该领域突飞猛进地发展,各项新技术日新月异。限于编者知识面狭窄、水平有限,书中难免有不妥之处,恳请广大读者批评指正。

编著者

2023 年 3 月

目录

一、荷花切花
的概念与特点

（一）荷花切花的含义

切花，"切"指剪取，"花"即花朵，是植物繁殖器官，通常也是植物观赏价值最高的部分。鲜切花有狭义和广义之分。狭义的鲜切花仅指从植物体上剪切下来，用于观赏或装饰的单花或花序。广义鲜切花泛指从栽培或野生的植物体上剪切下来，用于观赏或装饰的植物材料，包括鲜切花、鲜切叶、鲜切枝、鲜切果等，可瓶插水养或用来制作花束、花篮、花环、花圈、头饰花、胸饰花、手捧花等观赏用品。凡是植物的茎、叶、花、果，只要其色彩、形状、姿态等具有观赏价值，或气味芳香宜人，都可称为切花材料。切花分为鲜切花和干花两类。鲜切花是在新鲜状态下被应用的切花；干花是经过人工干燥等处理的切花材料，常经过漂白、染色等加工。因此，从广义上说，从荷花植株上剪切下来用于插花的花朵、荷叶、花蕾、莲蓬（包括干莲蓬）都可称之为荷花切花（图1-1-1）。

图 1-1-1　荷花切花

（二）荷花切花的特点

荷花切花是活的离体植物材料，也是花卉市场上交易的一种花卉产品。它和盆栽荷花、干花荷花、永生荷花等其他荷花产品相比，其生物及观赏特性如下：

（1）观赏价值高但瓶插寿命较短　荷花切花鲜活程度直接影响其观赏价值和切花品质，切花采收后仍然是有生命的有机体，其体内仍进行一系列复杂的代谢过程和生理变化，从而影响切花的观赏价值和采切后的寿命。

（2）荷花切花观赏期短，极易失水衰败　由于荷花切花是离体器官，其所需的营养源被切断，加之采收时为夏季高温天气,极易失水,以及采切后的机械损伤和微生物影响等原因,使得荷花切花比母株上荷花花期(3~4天)更短,衰老变质更快,荷花切花是一种寿命较短的鲜活产品。寿命的长短是荷花切花品质的一个重要指标。这和品种的特性有关,又和采前、采后的环境条件以及加工处理措施有关。

(3)**对贮藏、运输的要求更高** 由于荷花切花鲜活品质的要求和本身易衰败的特点,使得荷花切花在贮运过程中,具有品质迅速降低的风险,对荷花切花的贮运有更高的要求。为了延长货架期且保证荷花切花的品质,通常需要在贮运前进行预处理,并采取空运、低温贮藏和减压贮运等措施。

(4)**供应期集中,价格低廉** 荷花切花上市期较为集中,一般为6—9月,荷花切花可以在母株上多次采收,具有产量高、观赏期短、价格低廉的特点。荷花与中国传统文化相吻合,符合中国人的欣赏习惯,容易被广大消费者接受。

(5)**丰富夏季切花品种** 夏季是其他切花淡季。是拾遗补阙的好时机,相比于其他切花种类,荷花切花生产相对简单,管理成本低。

(三)荷花切花对品种的要求

荷花切花应用历史悠久,早在六朝时期,就用于佛前供花。在明清时期,插花艺术进入了鼎盛时期。随着社会的发展、科技的进步以及人民群众日益增长的对美好生活的追求,荷花切花的应用将越来越广泛,这对荷花切花品种的选育、栽培管理及采后保鲜技术都提出了更高的要求。

荷花切花品种是否适宜,直接影响着切花的质量。综合生产者、销售者及消费者的需求,适宜做切花的荷花品种应具备以下特点:

· 着花率高,丰花性强;群体花期长,可多次采切;瓶插水养观赏期长,耐贮运。

· 花色鲜艳或柔和、清洁、纯正、明亮;花型优美、生动别致或花型奇特;气味芳香浓郁者更佳。

· 适合蕾期采收,瓶插时花蕾能自然打开或者能手动打开。花蕾光滑,呈卵形或阔卵形,花蕾不可太重,否则容易垂头。

· 花瓣质地厚实、质硬,不易脱落;重瓣或瓣化程度高,稍有脱落不影响观赏;花朵不宜过大、过重。

· 花梗硬,直立、粗壮且坚挺,吸水性好,有韧性,支撑力强,有足够的长度;花梗上少刺或者无刺。

· 切叶用的荷叶叶柄直立、坚挺,吸水性好,成熟度高,叶面有光泽,不易失水;荷叶大小

和叶柄长短适中,不宜过大,过长。实践证明,有美洲黄莲基因的荷叶比中国莲基因的荷叶瓶插期长,初生箭叶(卷叶)比嫩叶瓶插期长,成熟度高的老叶比嫩叶瓶插期长。

· 荷花切花品种植株生长势强,有较强的适应性和抗病虫害能力。

· 荷花切花瓶插时使用保鲜剂,可明显的延长观赏期、提高切花品质。

· 荷花切花品种可以通过改变温度、光照等生长环境,进行花期调控,实现周年生产供应。

(四)荷花切花的分类与作用

1. 荷花切花的分类

根据切取的植物材料部位特征,鲜切花可分为切花、切叶、切枝和切果四大类。荷花的花、叶、茎和莲蓬对应了切花的全部类型。所以荷花的重要部位材料在切花上均可应用(图1-4-1)。

根据切花材料的外部形态特征,可分为团块状花材、线状花材、散状(填充)花材和特殊形状花材四类。荷花切花材料中,荷花的花朵为团块状花材,荷花的茎、梗为线状花材,荷叶为散状花材,莲蓬和许多泡化瓣化的雌蕊花托为特殊形状花材。

图1-4-1　荷花花材

2. 荷花切花的作用

（1）**观赏** 荷花切花的花朵、荷叶以及莲蓬等,适合制作花篮、花束、花环、花圈、头花、胸花、壁花、瓶插花等(图1-4-2),用于居室、工作室、会议场所、祭祀敬佛、礼宾仪式、娱乐餐饮等各种生活空间之中,既使人们亲近自然、享受自然,又能点缀空间、装饰环境。用于会议场所,可渲染气氛,也可显现会议的庄重、严肃。

图 1-4-2 荷花花束

（2）**丰富精神文化生活** 我国荷文化历史悠久,源远流长,咏荷的诗词、歌赋不胜枚举。《爱莲说》几乎家喻户晓,至今还流传着许多美妙的荷花传说与故事。利用荷花切花的花材,通过艺术加工的手法,生动地诠释荷花诗词、典故博大精深的内涵与人文历史,如同穿越时空,场景再现,使人们得到艺术的熏陶和精神享受。

（3）**传递情感,烘托氛围** 随着物质文化生活水平的不断提高,人与人之间的交往日趋频繁,以花传递情感成了人们联络感情的一种方式。无论是祝贺新禧、迎送宾朋、婚丧嫁娶、店铺开张、节日庆典、外事往来、象征美好、表达情意等都用鲜花作为高雅礼品和装饰品。荷花又被称为莲,莲与"廉"谐音,有清廉、正直之意,荷花又有出淤泥而不染的特质。荷花插花作品可表达清正廉洁的寓意。人们还常用荷花和百合花的谐音组成"合和二仙"的插花作品,表达"婚姻美满,百年好合"的美好愿景。荷花在佛教文化中是圣洁之物。每逢初一、十五,众多善男信女,用荷花插花供佛,表达内心的虔诚(图1-4-3)。

图 1-4-3　佛前供花

（4）**促进经济发展**　近年来，随着荷花切花的快速发展，势必对荷花切花的育种技术、栽培技术、保鲜技术、运输技术和包装技术等方面提出更高的要求，将推动科技进步，提高行业的科技含金量。同时，可以带动荷花切花相关联的种子、种苗、保鲜、贮藏、运输，以及花器、包装材料、花肥、花药、保鲜剂等相关行业的发展。

（五）荷花切花生产现状与发展趋势

荷花，又称莲，是莲科莲属多年生水生宿根草本植物。目前只有两个种，即亚洲莲和美洲莲。

美洲莲也叫黄莲（American lotus），一般叫作美洲黄莲（图1-5-1），原产美洲，美国是其分布中心。亚洲莲（Asian lotus）的地理分布范围为西至欧洲与亚洲交界处的里海，东至日本和朝鲜半岛，南至澳洲。中国是亚洲莲的分布中心，所以也有人习惯称亚洲莲为中国莲。亚洲莲与美洲莲虽然地域相距遥远，但两者并不存在生殖隔离。在形态特征上，亚洲莲株型有大、中、小型及微小型，而美洲莲仅有中型。美洲莲叶色较亚洲莲更深绿，叶片更厚。亚洲莲花色有红、白、粉色等（图1-5-2），而美洲莲仅有黄色，为选育黄色系列荷花和切叶品种奠定了基因基础。亚洲莲有少瓣、半重瓣、重瓣、重台、千瓣型等（图1-5-3），美洲莲仅有少瓣型。亚洲莲叶柄和花梗上粗糙有刺，而美洲莲叶柄和花梗光滑，无刺或少刺。亚洲莲花蕾多呈窄卵形、卵形、阔卵形，而美洲莲呈纺锤形（图1-5-4）。此外，美洲莲种藕在中国许多地方易烂藕，不易保种。

图 1-5-1　美洲黄莲

a. 红色　　　　　　　　　b. 粉色　　　　　　　　　c. 白色

d. 黄绿色　　　　　　　　e. 复色　　　　　　　　　f. 嵌色

图 1-5-2　亚洲莲花色

a. 少瓣

b. 半重瓣

c. 重瓣

d. 重台

图 1-5-3　亚洲莲花型

e. 千瓣

a. 窄卵型

b. 卵型

c. 阔卵型

d. 纺锤型

图 1-5-4　亚洲莲与美洲莲花蕾

荷花切花生产与应用

根据不同生态型可将荷花分为温带型、亚热带型和热带型。温带型品种分布于北纬43°以北地区,包括中国的吉林省、黑龙江省,以及俄罗斯南部地区。典型品种如'黑龙江红莲'和俄罗斯阿穆尔河流域的'卡马罗夫莲',现多为野生。亚热带型品种分布于北纬13°~43°,覆盖中国广大栽培地区和东南亚部分地区,这些地区荷花人工驯化历史长,栽培管理水平亦较高。亚热带型荷花品种栽培面积最大,遗传多样性最丰富,包含了野生种和大量的栽培品种。热带型品种分布于北纬13°以南地区,如泰国、新加坡等热带地区。热带型品种在其原产地不会随着一年气候季节性变化而改变生长节律,即其生长期和休眠期无显著的交替现象。因此,在热带地区无冬季低温期的情况下,荷花可一直不停地生长、开花、结实。但若将热带型品种移入亚热带地区种植,其会在秋冬季节低温气候时停止生长,花和叶枯死、地下茎休眠。另外,热带型品种还有一个显著特点,即根状茎呈藕鞭状,多不膨大成藕,仅有部分品种稍膨大呈藕形。

1. 国外荷花切花生产、消费及贸易现状

各国的荷花文化和风俗习惯各不相同,因此荷花切花的生产消费状况也不同。美洲莲在美洲处于半野生状态,人工栽培不多,极少用于切花生产。亚洲莲除在中国、泰国有大面积种植外,在

图 1-5-5 越南荷花采收

日本以及越南、柬埔寨、新加坡等东南亚国家也有少量人工栽培与应用(图1-5-5)。泰国的曼谷、清迈等城市常有荷花切花销售,切花所用品种多为当地所产的白色重瓣品种'至高无上'和粉红色重瓣品种'粉红凌霄'。花摊、花铺多把荷花花瓣折叠成不同的形状,10枝一束用荷叶包裹起来出售(图1-5-6)。人们也常把这样的荷花花束供奉到大大小小的寺庙中。德高望重的僧人会站在寺庙入口,将荷花沾上水,洒在善男信女的头上。据笔者观察,尽管这种切花荷花售价不高,但消费量巨大。云南玉溪曾出口大量的荷花切花至老挝,用于佛事活动。目前,中老铁路已经建成,将会进一步促进云南荷花切花向老挝、泰国的出口。

荷花切花在日本为殡葬或者寺院里佛事活动专用花。日本是世界上荷花切花消费主要国家之一。尽管其有荷花切花生产,但生产量极少,远远达不到消费需求,因此从中国的沿海地区进口成为其有效选择。再者,日本荷花无论在品种上,还是生产成本上均无法与中国竞争。

2. 国内荷花切花生产、消费现状

国内早期的荷花切花通常直接采自野外湖泊、沟渠。如河北安新县农民将生长于白洋淀的野生荷花剪切后,运往北京、天津等周边大中城市销售;江苏洪泽湖、骆马湖、高邮湖、宝应湖、阳澄

图 1-5-6　泰国街头的荷花切花

湖、固城湖周边的农民将野生的荷花剪切后,运往上海、南京、苏州、淮安、扬州等大中城市销售。值得一提的是,江苏金湖荷花荡景区,在第 22 届荷花节期间,首次选用荷花鲜切花为游客展现多彩多姿的插花艺术,并设计了荷花手信(图 1-5-7);通过补水叠边的方式,延长荷花的观赏周期,方便游客选购荷花鲜切花手信带回去馈赠亲朋好友。广东珠三角地区用产于本地的'至尊千瓣''中山红台'和'中山莲'选做切花用荷花,除供应广州、深圳、佛山等大中城市外,还供应香港和澳门(图 1-5-8)。最近几年,广州郊区已有少量人工种植的荷花切花向市场供应。云南宜良农民将花藕兼用的品种'宜良千瓣'选做切花用荷花,夏天花期剪取荷花切花运往昆明,并通过昆明花卉市场向全国各地销售。

图 1-5-7　荷花手信

图1-5-8　澳门荷花切花

3. 国内荷花切花发展存在的问题

（1）**产业化水平低**　目前,我国荷花切花产业尚处于起步阶段,未实现专业化、标准化、规模化和集约化生产,发展空间巨大。由于生产规模小,缺乏专业化分工,存在无法周年生产、保鲜难度大等弱点,满足不了市场对荷花切花数量和品质的需求。

（2）**品种亟须更新**　目前,市场流行的还是野生或者一些老品种,供应时间短。可从泰国引入热带型荷花与中国的亚热带型荷花杂交,筛选出早花和晚花品种,延长荷花切花供应时间(图1-5-9)。武汉植物园莲种质资源与遗传育种学科组在这方面做了大量的育种工作,选育了以"秋荷"为代表的系列新品种。"秋荷"系列新品种在武汉地区可持续开放至10月上旬,有效延长了观赏期,且因为秋季气温比夏季低,瓶插荷花的保鲜时间也较夏季长。同时,还应重视荷花切花的育种工作,加强品种保护意识。

（3）**消费市场尚小**　目前,荷花切花市场发育滞后,缺乏统一规划,经营规模小,管理水平低,荷花切花的消费,仍属于节日消费、人情消费、庆典消费和佛事活动。在佛教重大节日,如初一、十五等,都是荷花切花上市的重要时机。

（4）**研究水平低**　除生产、设备落后外,相关技术相对滞后。目前,荷花在采收时间、采后生理和保鲜技术上研究较少,采收、整理、分级、包装、贮运、保鲜等多个环节仍有未解决的难题,有待

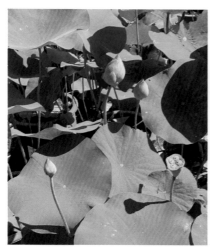

图 1-5-9 热带型荷花与亚热带型荷花杂交后代

进一步深入研究,找出行之有效的解决办法。

4. 荷花切花发展的目标与方向

(1)丰富荷花切花的色彩 目前,市场上荷花切花的花色多为红色系、粉色系和白色系。南京艺莲苑花卉有限公司经多年新品种育种工作,已选育出鲜红色的品种'椰岛绛染',绿色品种'草原之梦',黄色品种'振国黄'和复色品种'南诏佛光'等,极大地丰富了荷花切花的色彩。

（2）选育带有香味的品种　尽管荷花有淡淡的清香,但香味不浓,选育香味浓郁的荷花切花品种也是重要的育种方向之一。南京艺莲苑花卉有限公司培育出具有浓烈禅香味的荷花切花品种'巨无霸'等。同时'巨无霸'可经过人工拍打,促进其花蕾绽放,更加便于包装和运输。

（3）选育花瓣不易脱落的品种　荷花的花朵较大,花瓣较薄,在高温炎热的夏季,极易失水脱落,失去观赏价值。荷花切花品种宜选择花瓣质地坚硬、不易脱落的品种,如'红唇''如润'等（图1-5-10）。

（4）开发出荷花专用的保鲜剂　化学保鲜剂成本低,效果明显,操作简单,在切花保鲜中应用普遍。保鲜剂一般包括蔗糖、杀菌剂、植物生长调节剂等成分,可以为切花提供养分,降低蒸腾速率,维持水分平衡,抑制微生物繁殖,有效延长切花的瓶插寿命。目前,荷花采后保鲜技术研究较少,专用的保鲜剂尚待开发。

图1-5-10　'如润'开花后

（5）研制荷花切花批量自动注水器　荷花花梗中通,充满空气,容易阻碍导管组织吸水。荷花切花采收后,及时在花梗中注满水分,可有效提高导管的吸水能力,减缓水分胁迫,延长荷花切花的观赏期。研发、制作荷花切花批量自动注水器（图1-5-11）,可提高荷花切花注水效率,提高切花品质。

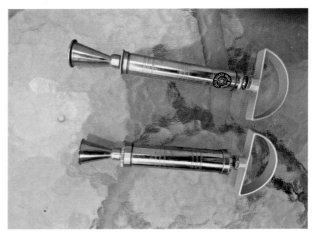

图1-5-11　荷花注水器

二、荷花的形态
特征及生长习性

2

（一）形态特征

1. 根

荷花根为丛状须根,主根退化,无明显主根,在地下茎节间环生许多根点。当茎节上的叶片出土后则开始长根,不定根较短,呈束状。不定根初生为紫红色,慢慢转变为黄白色,最后转变为黑褐色。荷花根系主要作用是吸收水分、养料以及固定植株。

2. 茎

荷花的茎为地下茎（根状茎）,顶端的一节称藕头,藕头前面有顶芽,俗称"藕苫",顶芽由一个棒状叶芽和一个较小的副芽组成。在藕节处有侧芽（侧苫）和叶芽。剥去顶芽外鳞片状芽鞘,里面有一个包着鞘壳的叶芽和花芽的混合芽及短缩的地下茎,在短缩的地下茎顶端又有一个被芽鞘包裹的新顶芽。这样,每一级顶芽都重复前面的结构。当顶芽受伤后,侧芽会萌发成新梢代替顶芽（图2-1-1）。

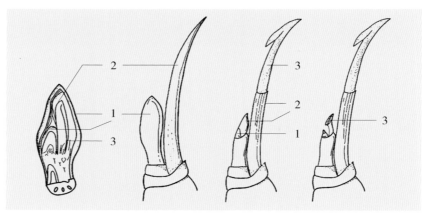

1— 芽鞘；2— 叶鞘；3— 幼叶。

图 2-1-1　芽的形态

清明前后,藕的顶芽开始萌发,在泥中横生。刚形成时,细长如"带",在浅水中分枝蔓延生长,称为"藕带"或者"藕鞭"。藕鞭分枝性极强,在生长几节后,每节几乎都有分枝。分枝依次为左右互生,主鞭节上可发生一级分枝,一级分枝上又可发生二级分枝,管理得当一个种藕能有十几条分枝。7月下旬以后,荷花转向地下茎膨大结藕阶段。主茎及分枝膨大成圆柱状,中间有孔洞,俗称"莲藕",是贮藏养分和第二年繁殖的器官。由走茎先端直接形成的肥大新藕称为"亲藕"或者"主藕"。由亲藕节上的分枝,即一级分枝膨大所形成的藕,称为"儿藕";由儿藕节上的分枝,即二级分枝所形成的藕则称之为"孙藕";二级以上的分枝有时亦能形成新藕,称为"重孙藕",但多数只能形成芽（图2-1-2）。荷花的主藕、儿藕、孙藕形成时,母藕（栽种时的种藕）开始发黑而渐渐烂掉。

藕的表皮颜色有白色、黄白、玉黄色,极少数有美洲黄莲基因的品种为褐色或者暗红色,有些表皮上散生淡褐色小斑点。藕有腹背之分,部分品种在腹面呈现一道浅而宽的沟。藕头有圆钝和锐尖之分,圆钝一般入泥浅,锐尖入泥深。

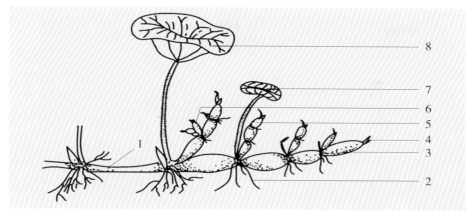

1—地下茎；2—须根；3—主藕；4—顶芽；5—儿藕；6—孙藕；7—终止叶；8—立叶。

图 2-1-2　莲的形态

藕鞭和藕均有通气孔道。各孔道与根、叶、花、莲实的气道贯通，使整个植株构成一个完整的通气系统，以适应水生环境。莲藕各部分组织断后均有"丝"，国内用该"丝"制作高档印泥，而越南、老挝有用其手工制作成"布"，作为旅游产品销售（图2-1-3）。

根据国际莲属（*Nelumbo*）品种登记表描述，藕的形态分为莲鞭状、长筒状、短筒状、极短近成珠状

图 2-1-3　越南荷花"丝布"围巾

（图 2-1-4）。一般有热带型荷花基因品种的种藕多为莲鞭状，亚洲莲多为长筒状与短筒状，着花量大的花莲、子莲多为细而长的长筒状，着花量少的藕莲多为短筒状，有美洲黄连基因的多为极短近成珠状。

3. 叶

种藕栽种后，由种藕的节上生出叶柄，上着生小圆叶，由于叶柄细弱，小叶漂浮水面，称"钱叶"或"藕钱"；幼苗和成苗期浮于水面的叶称为"浮叶"；挺出水面的叶称为"立叶"。伴随花蕾而出的立叶，称之为"伴生立叶"。立秋前藕鞭最后一节抽出的叶，称为"后把叶"；后把叶前一片叶，小而厚的称"终止叶"。"后把叶"的出现，标志着荷花生长转向地下茎膨大结藕阶段。

荷叶由叶柄和叶片组成。荷叶初出水面时，常呈纵卷状，有人形象地称之为"荷箭"。荷箭纵卷的方向就是地下茎藕鞭的走向。荷叶张开后多呈盾状圆形，全缘波状，顶生于叶柄之上。有美洲黄连基因的叶片正面多为深绿色，亚洲莲多为黄绿色，被蜡质白粉，表面密生细毛，用于保护叶面的气孔。叶柄圆柱形，基部表面多密布小刺。立叶初生多为紫红色或绿褐色。立叶常高于水面数十厘米，巨大型品种可高出水面2 m。立叶初期形成上升阶梯的叶群，当叶群上升到一定高度后，长出的叶片便会逐次矮小，形成下降式阶梯的叶群（图2-1-5）。叶柄有4个大的通气道，叶柄的通气道与地下茎的气道相通，形成发达的通气系统。叶中心称叶脐，叶脉由叶脐向四周叶缘呈放

射状分布,每片叶的叶脉有 20 条左右。荷花生长期不可以将叶柄从水下折断,否则水从通气道灌入后容易使地下茎腐烂。

荷叶主要功能是通过光合作用制造和贮藏营养物质,特别是立叶长的健壮与否,是鉴定地力强弱、肥料多少的标志,也是决定切花产量的关键之一。

作为切叶花材,有美洲黄莲基因的荷叶比纯亚洲莲的荷叶更耐插,切叶应用时,应选择有美洲黄莲基因的成熟老叶。同时,纵卷状的"荷箭"比舒展开的嫩荷叶耐插。

a. 鞭状   b. 长筒状   c. 短筒状   d. 珠状

图 2-1-4 藕的形态

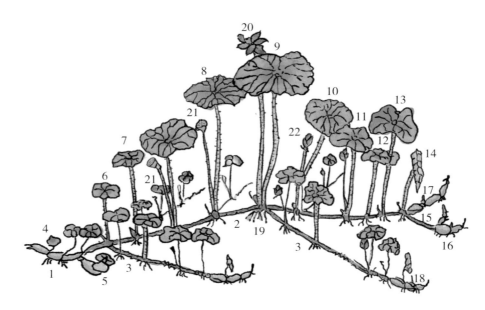

1—种藕;2—主藕鞭;3—侧藕鞭(分枝);4—钱叶;5—浮叶;6—立叶;6-8—上升阶梯叶群;9-12—下降阶梯叶群;13—后把叶;14—终止叶;15—叶芽;16—主鞭新结成的亲藕;17—主鞭新结成的子藕;18—侧鞭新结成的藕;19—须根;20—荷花;21—莲蓬;22—花蕾。

图 2-1-5 莲藕植株形状

4. 花

荷花为两性花，单生于花梗顶端，花梗与叶柄并生于同一节上，叶柄在前花梗在后。因此，可将并生于花梗的叶称为"伴生叶"，花蕾从"伴生叶"基部芽鞘抽出（图2-1-6）。花蕾抽出可见至完全开花一般需要11~13天，气温越高，所需要的时间越短。荷花切花的收获，在花绽放前1~2天最佳，过早采收，花蕾在瓶插时不能绽放，过迟不便运输，也缩短瓶插寿命。观赏荷花有时会出现同一花梗两朵并生的"并蒂莲"和极为罕见的三个花苞共生的"品字莲"（图2-1-7）。

图2-1-6　伴生叶

花器官由花萼、花冠、雄蕊群、雌蕊群、花托和花梗六部分组成（图2-1-8）。花萼位于花被的外围，一般有2~6枚。花冠由花瓣组成，花瓣的大小、数量、形状、颜色因品种不同，有较大的差异。花瓣颜色有红、白、粉红、黄、绿、复色及洒锦类（嵌色）（图2-1-9）。花瓣形状有近圆形、菱状匙形、宽椭圆形、倒卵状椭圆形、狭长圆形、倒卵状匙形、倒卵状披针形和倒卵形。

图2-1-7　并蒂莲

二、荷花的形态特征及生长习性

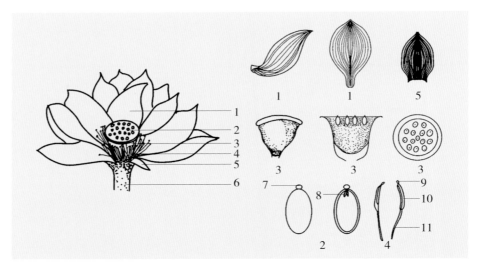

1— 花瓣；2— 心皮（雌蕊）；3— 花托；4— 雄蕊；5— 萼片；6— 花梗；

7— 柱头；8— 胚珠；9— 附属物；10— 花药；11— 花丝。

图 2-1-8　荷花的结构

雄蕊群环生于花托基部。雄蕊由花丝、花药及附属物三部分组成,附属物多为白色或淡黄色,近年也选育出了附属物为红色、紫色的品种。花药多为鲜黄色,近年也出现了橙色带红条纹的品种。雌蕊群由柱头、花柱、子房沟和子房组成。柱头顶生,花柱极短,子房上位,心皮多数,散生于海绵状肉质花托内。花托有狭喇叭形、喇叭形、倒圆锥形、伞形、扁球形、碗形,其受精后随果实和种子的发育而增大,称为"莲蓬"。

荷花自然花期多为 6—9 月。单朵花晨开午合,常于清晨渐次开放,上午 9 点开始又渐渐闭合,至 11 点左右完全闭合。少瓣型品种单朵花期为 3~4 天,重瓣、重台和千瓣莲花期略长一点。开花第 1 天柱头上有晶莹的分泌物,称为柱头液,此时亦是荷花授粉的最佳时机。开花时,若遇阴雨天,开花与闭合时间会相应延后。观赏荷花群体花期的长短与品种特性和环境条件有关,群体花期长的可达 100 多天。观赏荷花从开花到莲子完全成熟经历的时间与气温和光照有关,7 月温度较高时 21 天就可以成熟,而在 9 月初气温下降后需要 40~50 天。

5. 果实与种子

荷花凋谢之后,花被片散落,留下倒圆锥状花托,即为莲蓬。每个莲蓬有数量不等的小坚果,俗称"莲子"。其果皮革质,老熟后呈黄褐色至黑色,极坚硬,故有"铁莲子"之称。莲子的形状有椭圆形、卵形、和卵圆形(图 2-1-10)。种子由膜质的种皮、两个肥大的子叶及胚组成,胚又由胚芽、胚轴和退化的胚根组成(图 2-1-11)。

a. 红　　　　　　　　b. 白

c. 粉红　　　　　　　d. 黄　　　　　　　e. 绿

f. 复色　　　　　　　　　　g. 嵌色

图 2-1-9　荷花花色

a. 椭圆形　　　　　b. 卵形　　　　　c. 卵圆形

图 2-1-10　莲子的形状

1— 果皮；2— 种皮；3— 胚轴；4— 子叶；
5— 胚芽；6— 空腔（破壳部位）。

图 2-1-11　莲子的结构

（二）生长习性

荷花年生长周期从春季萌芽开始，经过夏季生长，到秋冬季结实、新藕形成和成熟，直至休眠。一般将荷花切花生长发育期划分为萌芽期、成苗期、盛花期、结藕期和休眠期 5 个阶段。

1. 萌芽期

从种藕芽萌发到长出浮叶为萌芽期。春分以后，当气温升至 10℃ 以上时，种藕上的藕芽开始萌动。清明以后，气温达 15℃ 以上时，开始长出浮叶，并抽生藕鞭，当气温达 20℃ 以上时，主鞭抽生立叶，并形成完整根系，需肥量开始增加，生长加快，开始进入营养生长阶段。

2. 成苗期

从第一片立叶出现到现蕾为成苗期（图 2-2-1）。在长江流域，6 月初气温达 20℃ 以上时，主鞭上抽生 2~3 片立叶，立叶所在的节处分出侧鞭。6 月下旬进入梅雨季节，雨水较多，湿度大、气温高，适宜荷花生长，此时开始进入生长旺盛期。以后一般每隔 5~7 天长出一片立叶，且立叶高度递增，同时地下部分的主鞭、侧鞭也快速生长，形成一个庞大的分枝系统。成苗期阶段以营养生长为主，其标志是主鞭与侧鞭显著生长，叶片数量快速增多，叶面积增大，基本覆盖栽培水面。该阶段的生长情况会直接影响后期开花量和种藕繁殖系数，是栽培管理的关键时期。既要保证地上部旺盛的生长势，以通过光合作用合成和积累大量养分，又要求地下部根状茎健康生长、延伸和分枝，为开花和种藕发育打好基础。因此，管理上要严防大风侵袭，避免折叶伤根。同时，及时补充肥料，满足生长需要。此阶段荷花长叶长鞭需水量大，注意不要缺水。

3. 开花期

从植株第一朵花现蕾到最后一朵花凋谢为开花期（图 2-2-2）。这个时期，植株连续不断地开花，需要足够的养分供应，开花量因品种不同有所差异。第一朵花一般在长出 3~4 片立叶后，基本上是一叶一花。此时期是丰花管理的关键时期，也是收获荷花切花关键时期。应每隔 15 天左右

图 2-2-1　荷花成苗期

追肥一次,以满足其生长和开花需求。大田种植时,可施复合肥 20 kg/ 亩 * 左右。盆栽或小池种植可根据容器、场地大小酌情施肥。

4. 结藕期

从地下茎开始膨大到新藕成熟(南京地区通常从夏至到大暑后)为结藕期。当年种藕繁殖系数因品种、生长环境、栽培措施不同而异。一般来说,荷花切花品种结藕盆栽比池栽早,浅水种植比深水种植早,密植比稀植结藕早,南方比北方结藕早。另外,在结藕期如遇台风、长期阴雨、低温等灾害,结藕期会延迟。在南京地区,早花品种一般在小暑到大暑期间开始膨大,7月中旬新藕基本定型,此时可以采收嫩藕进行二次种植。如是盆栽可脱盆种植到水池中。8月份以后,气温下降,植株养分向地下茎积累,地上部逐渐枯黄,藕身逐渐成熟,到秋分前后,藕身完全成熟。到初霜来临时,气温下降至 13℃,荷花完全停止生长,荷叶、花、藕鞭逐渐枯死腐烂,开始进入休眠期。

---

* 亩为我国农业生产中常用面积单位,1 亩 ≈ 667 m²。为便于统计、叙述,后文中部分内容仍用"亩"为面积单位。

图 2-2-2　荷花开花期

二、荷花的形态特征及生长习性

25

5. 休眠期

一般在9月下旬到翌年3月下旬,长江中下游地区当年新藕成熟后地上部逐渐枯萎死亡,地下部分可留在泥里越冬,此时气温较低,藕在泥中处于休眠状态,生命活动极为微弱(图2-2-3)。一般泥土不结冰即可安全越冬,北方严寒地区需要采取防冻措施以确保种藕安全越冬。

图 2-2-3　荷花休眠期

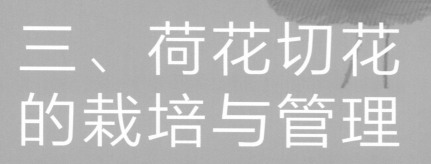

三、荷花切花的栽培与管理

（一）荷花切花对生长环境的要求

1. 场地的选择

荷花喜温、喜光、喜肥、怕低温、怕旱、怕大风,因此荷花切花种植场地应选择通风向阳、能避免大风袭扰的地方,场地四周不应有高大的建筑物和树木,交通、水源及电路方便。俗话说"荷花不过桥"。这是因为桥下荫蔽,缺少光照不利于荷花生长,荷花地下茎不向桥下延伸。荷花属强阳性植物,需要每天接受7~8小时的光照,才能促进其花蕾形成和开放。荷花最忌在阴处种养,光线不足会导致荷花生长缓慢、徒长减绿、易倒伏,甚至不能孕蕾。

2. 荷花切花的栽培方式

（1）人工造池及自然水塘 人工造池可选用水泥混凝土和防渗土工膜作为底部防水层（图3-1-1）。根据地形开挖,深为50~100 cm。为了防止品种混杂,底部也应浇注7 cm左右混凝土或铺设土工布。底部混凝土凝固后,四周用砖块砌40 cm高,12 cm宽砖墙,两面抹灰,不留缝隙。建造土工膜池时,在防渗土池底部和池埂四周上直接铺设厚0.4~0.5 mm的藕池或鱼池专用土工膜。土工膜幅面不够时可增加幅面,每幅间重叠时10~15 cm并用热焊机焊接,池埂上的土工膜边缘用土压实,之后回填20 cm种植土。一个种植池宜只种一个品种,品种间可用砖块砌墙分割隔离。自然池塘种植水位应控制在1 m以内,池塘内不能养殖食草性的鱼虾蟹等。一般种植荷花切花地块可连作3年,3年后提倡水旱轮作,水位较深的可以种养轮作,养殖水产品。

图 3-1-1　荷花池

（2）荷花切花稻田或低洼田栽培　此法适合大规模生产。10月份水稻收割以后，沿田埂四周离田埂内田 2 m 处开挖宽 50~80 cm，深 40~50 cm 的四周沟。开沟时先将表层 20 cm 的熟土壤挖出堆放一旁，待池建好后回填用，再将 20 cm 以下的生土加到四周田埂上，使田埂的高度和宽度都达 40~60 cm。如地势较高，可将稻田开挖成"田"形、"目"形、"井"形。田埂要求坚实牢固，不垮不漏。然后将稻田深耕耙平，种植绿肥。到翌年 3 月底，翻耕绿肥，加水沤田，并加施农家肥。一般每亩施鸡粪 500 kg 或干饼肥 100 kg，碳酸氢铵 50 kg。再施用 25 kg 生石灰或 5 kg 茶籽饼，均匀地撒施在稻田表面，以调节酸碱度，消除龙虾、黄鳝打洞和田螺取食的危害。然后耙平田面，并用稀泥将四周田埂糊严，防止漏水，田内保持 10 cm 水层。最后按株距 2.5 m、行距 2 m 种植种藕，其中沿田埂 2 m 宽的田面不种，留作养鱼的鱼沟（图 3-1-2）。随着气温升高，藕苗生长加快，田内要逐渐加深水层。5—6月在鱼沟中投放甲鱼、罗非鱼、青虾等，可去除藻类和杂草。

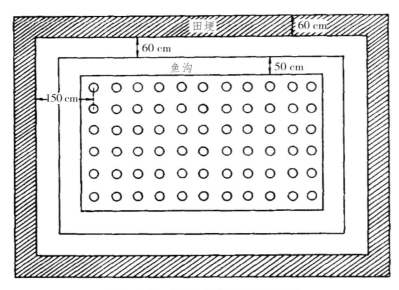

图 3-1-2　水田种植荷花切花示意图

（3）鱼塘栽培　此法适合大规模生产。一些陈年老塘因常年淤积，积累了肥沃的底泥，水位较浅，一般仅 80~100 cm，非常适宜荷花切花种植。又因长期养鱼需要种养轮作，所以改良老塘种植荷花切花是理想的选择。可将老塘水抽干，平整塘底后，按株行距 2.5 m×2.0 m 规格种植荷花切花种藕。苗期水位保持 30~40 cm，随着植株长大，水深可加到 70~80 cm。如要套养鱼，则要留空间，以利于增氧。套养鱼时，要注意不能放养食草类鱼，如草鱼、鳊鱼等，否则会吞食荷花嫩叶，影响荷花生长。

上述几种规模化生产方式各有利弊。稻田种植有利于切花的采收，但易生杂草，需经常下田除草。另外，还需经常用抽水机往稻田加水。鱼塘种植不要经常加水，杂草也少，而且养鱼后土壤中的腐殖质增多，可减少施肥量。但由于鱼塘淤泥层较厚，采收切花时，人易陷入淤泥中，操作不便。

（4）**盆栽** 荷花栽培忌连作。为了克服连作障碍，可选用荷花切花盆栽，每年更换新土。盆栽的另一个优点是生产的切花、切叶大小适中，避免了池种塘栽切花、切叶过大过长的弱点。盆栽还可以通过温室实现花期控制的目的。荷花切花栽培用盆口径宜在 50~60 cm，高 35~50 cm，盆大容量大，土壤肥力足，利于开花，盆深利于贮水，可解决夏天水分蒸发量大，需要不断补水的问题。

集中成片栽培荷花切花时，应注意花盆间的距离。花盆间的距离对荷花的生长，特别是株高和开花有很大的影响。若种植密度过大，则互相争光，植株生长过高，会造成通风透光不良，下部叶片发黄枯死，同时还易遭风折和产生病虫害，影响株型和美观。但如果花盆间距离过大，造成荷花种植占地面积增大，致使管理费时、费工，增加经济成本。笔者根据多年实践经验认为：盆栽距离（列距 × 行距）为 25 cm × 40 cm，每 3~4 列为一单元；单元间留 60~80 cm 的操作行，便于经常浇水、观察、剪花和运输（图 3-1-3）。

图 3-1-3 荷花盆栽

为了解决荷花切花盆栽浇水问题。笔者探索安装滴灌,需要220 V家用电源、两相电缆线或护导线、插座(图3-1-4)。

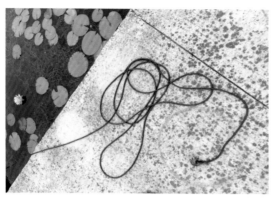

图3-1-4　两相电线与插座

单相潜水电泵,配管内径50 mm,流量10 m³/时,扬程16 m,功率0.75 kW,电压220 V。同口径的PVC透明钢丝软管1.5~3 m,根据取水距离而定,一头连接潜水电泵,一头连接过滤器。过滤器出水口一端连接50 mm的PE主管。主管在两盆之间的盆头,用口径16 mm或者20 mm开孔钻开孔,加防水垫片塞入16 mm或者20 mm的反锁母旁通阀,连接16 mm或者20 mm的次管。次管尾部加堵头或者闸阀,在此管上安装4/7毛细管。毛细管头接滴箭,每盆一个滴箭,滴箭的高度应不小于盆深,以免水满时将滴箭溢出盆外,滴箭尽量插在盆中央。盆栽的土壤初期至少干裂起少量鸡爪纹,使泥土与种藕充分包裹固定,这样插滴箭不会因为泥稀浮起飘移。安装结束需要调试,出水快的须拧紧滴箭螺母,出水慢的须拧松滴箭螺姆;检查不出水的滴箭,寻找原因,及时更换。冬季可以从反锁母旁通阀处拆除,妥善保管。每4盆为一列,列间留60~80 cm的操作行。详见图3-1-5。

图3-1-5　滴灌设施

3. 土壤

荷花对土壤适应性较广,除冷水田、不易保水的粗砂底田不宜种植外,其他土壤均可种植。选择富含腐殖质的塘泥或稻田土做栽培土,栽培土壤过分贫瘠、板结或黏性过大,都不利于荷花切花的生长发育。规模化生产栽培应在上一年冬将土壤翻耕,施入农家肥猪粪、鸡粪或者菜籽饼、芝麻饼、豆饼等,施用量 200 kg/ 亩左右。冬季冻垡,早春拣去土壤中的杂质、石砾等,土层厚度15~20 cm,土壤酸碱度(pH 酸碱度)在 5.5~7.5 之间,含盐量在千分之二以下,海边盐碱土可适当加硫酸亚铁调剂。通过对不同淤泥深度栽植调查研究结果看,在施肥量同等用量下,淤泥深度低于 15 cm 植株生长矮小,藕苫细弱,荷叶面积小,着花数量少,产量低。多年养鱼的鱼塘、虾塘等,淤泥在 20 cm 以上,水深在 1 m 以下,没有食草性鱼类,可直接种植,效果良好。

4. 水分

荷花是水生植物,在整个生育期须保证有水。种植在荷塘时,水位要相对稳定,不能大起大落。夏天汛期荷叶被水浸没 3 天以上会造成其窒息死亡(图 3-1-6)。因此,种植场所应有良好的排灌系统。荷花切花不同生育期对水位的要求不同。生产初期水位宜浅,通常以 3~5 cm 为宜,以利于水温升高;生长中后期宜深,一般水深 10~15 cm。巨大型和大型品种较耐深水,可种植在 1.0~1.5 m深的水体中。中型和大型品种宜种植在 30~50 cm 深的水体中。小型品种只能种植在 10 cm 以下的水体中。荷花灌溉用的水源可利用河水,湖水,水库水等地表水,也可以用井水、泉水等地下水。

图 3-1-6　受淹的荷花

5. 温度

荷花是喜温植物,对温度要求较严。在 4—10 月生长期间所需活动积温约 5 000℃,有效积温 ≥ 2 100℃,移植期 ≥ 14℃,苗期 ≥ 18℃,初蕾期 ≥ 20℃,花期 ≥ 23℃。温度越高,花蕾形成越快,但以 25~35℃最好,生长最旺。春季播种或栽培种藕时,需要温度在 15℃以上,否则会造成幼苗生长缓慢或僵苗。长江中下游地区四月中旬以前,温度达不到种子萌发或幼苗生长的需要,一般不采用露地播种或栽培。通常18~21℃时开始抽生立叶，22℃以上花芽分化，25℃以上时生长新藕。据笔者在南京地区的观测，夏季气温偶尔达到40℃以上时，对荷花生长无明显影响。大多数栽培种在立秋前后气温下降时转入结藕阶段，可观察到土面明显上涨。冬季，种藕在泥水中可短暂耐零度左右的气温，冬季在长江以南地区可露地越冬，长江以北地区要根据情况加深水位保暖越冬。

（二）荷花切花繁殖技术

荷花的繁殖分有性繁殖和无性繁殖。因有性繁殖易产生变异，除选育品种之外，生产上很少采用。生产上多采用种藕或藕鞭的无性繁殖。

1. 有性繁殖

荷花的有性繁殖指通过成熟莲子播种种植的繁殖方式，主要用于荷花品种选育。有性繁殖培育出来的种苗，被称为实生苗或播种苗。播种繁殖的优点是繁殖材料便于携带运输、贮存。由于荷花多为异花授粉，遗传背景复杂，有性繁殖后代性状变异率高，因此新品种的选育种源多来源于杂交后代。莲子在15~35℃条件下均可萌发，且气温越高，萌发越快。在南京地区露地播种一般选在5月上旬至6月底，如有保温措施可以适当提早播种。播种步骤包括：

（1）破壳处理 莲子的果皮具有坚而厚的特殊结构，在种子充分成熟干缩以后，水分和空气很难透入，呼吸作用非常缓慢，处于被迫休眠状态。这也是莲子在土壤中可以埋藏数百年甚至上千年而不萌发也不腐烂的重要原因之一。为了使莲子在播种后能吸收水分和氧气，打破休眠状态，在种子催芽前必须进行破壳处理。

莲子最外层为果皮，由受精后的子房壁发育而来，主要成分为纤维素。在果皮中有一层由长柱形石细胞组成的栅栏组织层，对种子有很好的保护作用。果皮初为绿色，革质。老熟后转为黑褐色，逐渐变得坚硬。

果皮内包裹着种子。种子由受精后的胚珠发育而来，有种皮、子叶及胚3个部分（图3-2-1）。在受精后的早期阶段曾有胚乳，在后期被胚吸收而消失，故莲种子为无胚乳种子。子叶两片，色白、肥厚、对生，贮藏丰富的蛋白质及淀粉，通常人们食用的莲子正是这部分。胚由胚芽、胚根、胚轴3个部分组成。胚芽绿色，具一段短的芽轴、两片互生的幼叶及一个顶芽，两片幼叶的叶柄及对折卷筒状的叶片雏形可辨认。胚芽基部与两片子叶连接处为胚轴。在两子叶基部凹陷处胚轴的末端为胚根。胚根极不明显，肉眼几乎不可见。在种子萌发时，胚根可突破种皮及坚硬的果皮，发育成初生根。

莲子是倒生胚珠，胚芽着生于种子的顶端，破壳时应在种子基端破口，即莲子凹入的一端。破壳最简便易行的方法是在水泥地上、粗糙的石头上或者砂纸上打磨，一般只要磨破果皮（即莲子的硬壳），见到褐色种皮即可；也可以用咬口锋利的老虎钳夹破或反握枝剪剪去凹入的一端，夹壳或剪壳只需沿基部剪下2~3 mm裂口即可，切勿夹去太深，以免伤胚（图3-2-2）。破壳后浸种一天，

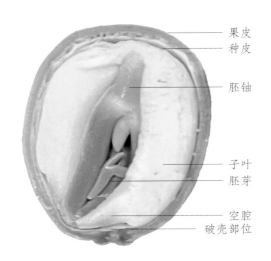

图 3-2-1　莲子的构造　　　　　　　　　　　　　　图 3-2-2　莲子开口示意

待胚吸水膨胀，果皮吸水变软时，可用手沿着破壳处剥去果皮的 1/3，使胚外露，有利于胚芽伸长。应注意破壳部位不能过大过多，如果把莲子的硬壳全部去掉，胚芽失去保护极易腐烂死亡。

（2）**浸种催芽**　已破壳的种子需浸没于干净的水中浸种催芽，水温宜保持在 20~40℃。水温高于 40℃时，种子虽在第一天萌发迅速，但以后生长受到抑制；温度低于 20℃时，种子发芽生长过于缓慢。水温在 30℃的条件下，一般浸种催芽 3 天即可萌发，胚芽从破口处伸出。在此期间，每天需要换水 1~3 次，并及时剔除不能发芽的种子。一般情况下，7 天仍不发芽的种子就不会发芽了。不能萌发的种子往往上浮水面，胚芽发黄，子叶腐烂发臭。如果是 5 月中旬至 6 月底气温较高时播种，破壳后可用自来水直接浸泡，放入阳光下暴晒促进发芽。

（3）**水培育苗**　种子萌发后应在 25℃左右条件下继续水培育苗 5~7 天。在此期间，莲苗根系没有形成，主要靠种胚提供养分，一般不需要施肥。水培育苗过程中应保持水深 3~8 cm，单个容器中的水培种苗不宜过多。水培苗应给予充足的光照，早晚各换一次水。在室外水培育苗时还应防止老鼠和鸟偷食水培的种子。

（4）**定植**　如图 3-2-3 所示，经过 5~7 天的水培，莲子芽长到 6~8 cm，第二片叶尚未完全展开，白色不定根开始生长时，可以进行定植。定植不宜过迟，否则幼嫩叶柄之间相互缠绕，很难分开极易折断。定植前，先将土壤装入盆中，放入基肥，加清水将土肥搅拌均匀。规模化种植数量较大时可用电动搅拌机搅拌（图 3-2-4）。在泥水澄清一天后，将水培幼苗定植在盆的中央，种植深度以种子全部入泥为宜，使叶片自由舒展于水面。定植时应注意不可折断叶柄，以免影响生长。定植后保持 3~5 cm 水层，注意不可把叶片浸没水里。其后注意观察，发现浮起的种苗要重新栽种，不能让种子浮起来。荷花喜光，盆栽苗应放置在阳光充足处，如遇阳光日灼，幼苗有焦枯现象，一般不影响成活。此期间浇水不宜过多，浅水层有利于提高水温促进生长。一般前 5 片叶片为浮叶，

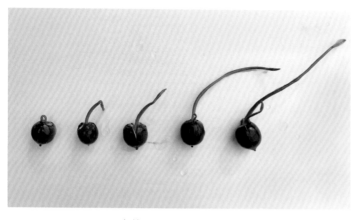

水培 2 至 6 天生长状态　　　　　　　　　　　　　可栽培状态

图 3-2-3　莲子水培发芽

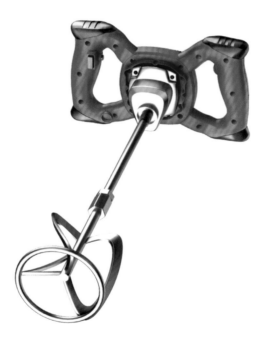

图 3-2-4　电动搅拌机

后出现立叶,立叶出现后花蕾会逐渐抽生。抽蕾早晚与品种有关。笔者近年观测发现,也有部分品种没有立叶时就抽花蕾。

2. 无性繁殖

无性繁殖又称营养繁殖。无性繁殖一般不会出现性状分离现象,能保持母本的特性。荷花的无性繁殖有两种方式:

（1）**分藕繁殖**　指从上年栽培的荷花上取主藕或儿藕,甚至孙藕栽植。在长江流域清明前后是分藕分栽的最佳季节。过早分栽因气温低,种藕容易受冻害或者出现僵苗。过迟分栽,苦芽已经萌发,操作时易碰断,影响成活率。荷花切花种藕较细,掰取种藕时,应注意保留一到两节藕身,并保留尾节,否则水易浸入藕体,引起种藕腐烂(图 3-2-5)。

ignore

x

依靠不定根吸收养分,原来未展开的小立叶就会展开,浮于水面,颇像浮叶。5 天后,可视生长情况逐步移至阳光下正常管理,不久便会长出新的浮叶和立叶,当年可以再开花。

(三)荷花切花的管理技术

1. 追肥管理

定植后 1 个月左右,开始出现立叶,此时需开始追肥,用尿素每亩 10 kg。以后每隔 15 天左右,撒施氯化钾 10 kg 或复合肥 10 kg。尿素、氯化钾和复合肥每 15 天交替施,整个生育期施 4~5 次。追肥尽可能选择雨天,若肥料溅落在叶片上应及时用水浇泼冲洗干净,防止烧叶。

2. 水位控制

定植初期至萌芽阶段水位宜浅,一般为 5~10 cm,以提高水温,促进萌发。开始抽出立叶至封行前,水位控制在 10~20 cm,封行后可以控制在 30 cm 左右,太浅易滋生杂草。

3. 除草与补苗

定植前结合翻耕整地,应及时清除田间和田埂四周杂草。定植后至封行前,宜人工拔除杂草。处理浮萍可结合追肥,用碳酸氢铵 50 kg 或尿素 20 kg 置于浮萍表面,短期控制浮萍疯长,直至封行。处理青苔可用草木灰撒施,或用硫酸铜装于纱布袋中在水中来回拖拽。在除草过程中如出现缺行少苗现象,应从长势旺盛的植株上摘取侧枝,补栽到缺行少苗的地方。补栽苗的侧枝应带一片浮叶和一片未展开的小立叶,顶芽一定要完好。

4. 疏苗与摘叶

对于一次定植,多年栽培的田块,应从第二年开始进行早期疏苗。一般在 6 月 15 日前后,按照行距 2.5 m、穴距约 2.2 m 间隔留苗,割除非预留植株的荷梗,让水倒灌入荷梗中空心之处,令其窒息死亡。如封行后荷花营养生长过旺,出现荷叶相互重叠遮蔽,会降低荷叶光合作用的效率,造成不必要的营养消耗。为了促进荷花从营养生长向生殖生长转变,对生长过旺的荷叶可以进行必要的摘除,使荷叶分布均匀,通风透光。如系连作地,第二年清明节前后应结合取挖种苗,疏去 2/3 种藕,留 1/3 种藕即可。

5. 采收

鲜切荷花的采收宜在销售当日的早晨或前一天的傍晚,气温相对较低时采收。荷叶的叶柄和花梗上均有密集小刺,采收时应穿厚衣服并戴手套防护。采收的荷花以萼片松动,花蕾顶端欲要张开露孔为好。过早采收,花蕾不易绽放,过迟则花瓣打开后不易包装、贮运,也会大大缩短荷花切花的寿命。剪取荷花应在水上进行,防止水倒灌使荷花植株窒息死亡。剪取后立即插入带水的桶中,以防失水。如放入冷库贮藏,应用塑料袋密封,防止失水,温度控制在 5~8℃。

6. 连作与轮作

荷花切花在生产上一般多为轮作,但也有实行连作的。荷花切花的连作期限一般为 3 年左右。年限过长,连作地残留荷叶、梗、地下根、藕节等太多,会影响荷花切花的正常生长,使荷花切花的

数量品质下降。连作障碍与不同的土壤和不同的品种相关,有些品种、或地块,连作多年也无不良影响,具体经验需要在生产实践中总结。生产上多实行荷花切花与水稻种植轮作,种植荷花切花土地施肥多,吸收少,春季采挖种藕需要深翻土壤,故荷花切花种植地块轮作水稻,在不施肥或者少施肥的情况下,也能获得高产。也可以与慈姑、荸荠等水生植物轮作。利用鱼塘种植实现种养轮作,养鱼3年后,淤泥增厚,土壤有机质含量高,适宜用来种荷花切花。

7. 荷花切花种植田水产品套养

类似于稻田养鱼,首先要根据实际情况,因地制宜地发展水产品套养。依据套养的品种不同,进行必要的田间工程建设。可以套养鱼类有鲫鱼、罗非鱼、黑鱼、革胡子鲶;蛙类有青蛙、牛蛙;淡水虾类有河虾、白虾、草虾、青虾等;其他水产有泥鳅、黄鳝、甲鱼、田螺、河蚌、水蛭等。

(四)荷花切花花期控制技术

荷花切花花期控制有两种方式,即露地栽培和设施栽培。

荷花的自然花期一般在6月中旬至8月中旬。花期的早晚除与品种有关外,还与光照、温度、湿度有密切的关系。据笔者多年观察,荷花从发芽到第一朵花蕾形成,需积温1500℃,以及光照度4.5万~6万lx。荷花的生育期为150天左右,具体生育过程为:3月底栽藕,4月上旬萌发钱叶,4月中下旬出现浮叶,5月中旬立叶挺水,6月上旬始花,7月中下旬地下茎膨大成藕,8月下旬叶片开始逐步变黄。在月平均气温20~25℃,光照10小时左右的条件下,荷花从种植到开花,一般需75天左右。气温在35℃以下时,一般来说温度越高、光照时间越长,从栽植到开花的时间越短,反之则越长。在7月下旬二次翻盆种植的新藕,有的45天即可现蕾。根据荷花生育时间及其所需光照等条件,采取行之有效的措施,可有效调控荷花开花的时间。

可采取提前或推迟栽植,增加或缩短光照时间,提高或适当降温等措施,进行小范围内花期调整。在采用提前栽植时,需在有暖气设备或其他加温设施的室内进行,使幼苗在适宜的温度中生长。大幅度的花期调整,需要专门设备和设施,多在大规模生产的情况下采用。

1. 提前开花

荷花提前开花的调控须在设施中进行,温度控制在22~32℃。例如,需要5月1日前后开花,栽种期应安排在1月下旬;需要春节前后开花,栽种期应安排在上一年的11月中旬。若温室很大,而荷花数量又不多的情况下,可在温室内搭设一个塑料棚,棚高2 m左右,大小随荷花数量而定。棚内可用火炉、电热丝加温,创造一个易于人工调节的小气候环境。栽种时,温度控制在30℃左右,昼夜温差8~10℃,相对湿度75%~90%,每日光照不低于10小时。这样能迅速打破种藕的休眠,一般3~4天即开始萌发。进入生长期后,温度应适当降低,可控制在24~26℃。在自然光照时间短的季节或光照弱的连阴雨天气,温室内要增加人工光源。可用日光灯或高压汞灯、钠灯、碘灯。高压类灯的补光效果优于日光灯。增加人工光源时,要注意不同角度与不同层次,尽量使荷花受光均匀。如温室中的条件不能完全达到预定的要求,应适当提前种植,延长生长期,这样才能达到提前开花的目的。

2010年上海世博会,为了确保中国馆的荷花在"五一"开幕时盛放,上海鲜花港、南京农业大学与南京艺莲苑花卉有限公司密切合作,开展了大规模的荷花花期控制项目。开幕用荷花于当年元月初进温室,在3月8日出现第一个花蕾,至4月7日普遍现蕾,于4月18日绽放,后又通过系列花期调控技术处理,使荷花在中国馆绽放184天,受到国内外游客的广泛好评。2021年上海崇明岛举办的第十届中国花卉博览会,为了在5月21日开幕式上欣赏到传统名花荷花,上海光明集团、上海花卉集团、上海种业集团与南京艺莲苑花卉有限公司合作,利用智能温室,成功将代表全国34个省级行政区的荷花新品种,共计25 000余盆,控制在5月中旬如期绽放。

2. 延迟开花

在长江中下游地区,要想将花期推迟至10月1日前后,有3种方法:一是将开花早、开花多、新藕形成早的品种,如'杏脸桃腮''草原之梦''瑶池火苗''霞光焕彩'等,于7月下旬翻盆栽新藕;二是早春将种藕放入3~5℃的冷库中,延长种藕的休眠期,到7月初取出栽植;三是将小口径盆中已快休眠的盆花,脱盆倒入大田中,剪除残花枯叶,留一小部分绿叶。采用以上3种方法,由于栽植后温度较高、光照充足,初期可采取露地培养。到后期,特别是现蕾前后如温度降得过低,则应移入温室中继续增温补光。荷花必须在日均温22~30℃,每天光照7~10小时的环境中,才能正常开放,否则极易形成见蕾不见花的"哑花"现象,达不到花期调控的目的。

应该指出的是:荷花的花期调控,首先需要充分了解具体品种在正常气温、光照条件下,从萌发到现蕾至开花所需的时间,作为参考。不同品种的荷花花期有所不同,成功的花期调控需要大量的实践摸索。

（五）荷花切花病虫草害等防治

1. 病害

（1）腐败病　俗称"藕瘟""莲瘟",是危害荷花的主要病害(图3-5-1)。该病主要危害地下茎,使之变褐腐烂,并引起地上部叶柄枯萎。地下茎受害后,初期症状不明显,剖视病茎,近中心处的维管束呈淡褐色至褐色。严重时,地下茎呈褐色至紫黑色。因地下茎受害,输导受阻,叶片变褐,干枯,似火烧状。挖检病株地下茎,可见藕节上生蛛丝状菌丝体和粉红色黏质物,即病菌的分生孢子团。有的病藕,表面可产生水渍状,暗褐色纵条斑。

该病由多种病原菌引起,其中主要的是真菌类病原——莲尖镰孢菌,其次是串珠镰孢菌、腐皮镰孢菌和接骨木镰孢菌等。另外,周毛杆菌也能破坏根茎的输导组织,使之变褐、腐烂,发出臭味,同时可以侵害花和叶,常使叶脐或叶边缘腐烂,最后殃及全株。另外,土壤酸性过重,还原性有毒物质含量过高等,也会导致荷花老根变黑,很少或不发新根,叶片增厚、皱缩、变小,表皮凹凸不

平,老叶枯黄死亡,不抽生新叶。

腐败病菌的菌丝体在种藕越冬时以厚垣孢子在土壤中越冬,其中带病种藕是最主要的初次侵染源,由此长出的幼苗成为中心病株。中心病株产生的孢子,随水流传播,多从寄主根伤口或生长点侵入。腐败病从5—6月生长旺盛期至8月底叶黄期均可发生,以7—8月为盛发期,发病温度在20~30℃。腐败病的发生与消长和品种、气温、土壤及连作、栽培、灌溉等因素有关。腐败病在连作土地上发病重;根系深的品种比根系浅的品种发病重;水层浅水温高,阴雨多,日照不足,或暴风雨频发时发病重。另外,土壤透气性差,或偏施速效氮肥和过磷酸钙等,均易引起发病。

图3-5-1　荷花腐败病

防治方法

①实行轮作。盆栽荷花每年更换新的栽培土。大田栽培冬季浅水期可用生石灰80~100 kg/亩改良土壤。②栽前消毒。种藕可用50%多菌灵,或甲基托布津(甲基硫菌灵)800倍液,加75%百菌清可湿性粉剂800倍液,喷雾后用塑料薄膜覆盖,密封闷种24小时,晾干后栽种。③合理施肥。基肥以充分腐熟的有机肥为主。生长期间,注意氮、磷、钾的合理配合,切勿偏施氮肥,使植株健壮生长,提高抗病能力。④采藕时彻底清除病残组织,集中烧毁。生长期间,发现中心病株后及时挖除病株。⑤药剂防治。发病期用50%多菌灵可湿性粉剂600倍液,加75%百菌清600倍液喷洒;或40%多硫悬浮剂(又叫灭病威,是多菌灵和硫黄混合成的广谱、低毒杀菌剂)400倍液,或50%速克灵1 000倍液,或70%甲基托布津800~1 000倍液,或用70%甲基硫菌灵可湿性粉剂800液,喷洒叶面和叶柄。对于面积较大的种植区域,每亩用99%噁霉灵可湿性粉剂500 g或者10%双效灵乳油200~300 g,拌细土25~30 kg,堆闷3~4小时后撒施发病种植区域。

（2）**叶枯病**　本病由病菌引起。主要危害荷花叶片。发病初期,叶缘可见淡黄色病斑,逐渐向叶片中间扩展。病斑由黄色变成黄褐色,最后从叶肉扩及叶脉,病斑呈深褐色,全叶枯死,形似火烧,俗称"发火"。

该病菌可在病残体内越冬。5月底到6月初开始发病,7—8月最严重,9月以后减轻。高温多雨时发病重;肥力不足,管理粗放时病害更严重。

防治方法

① 及时清除病残组织,剪除病叶,消灭病源。② 适当控制栽植密度,多施有机肥料,增施磷钾肥,提高荷花抗病能力。③ 发病初期用50% 托布津可湿性粉剂1 000 倍液喷杀。

（3）**褐斑病**　此病由半知菌类棒囊孢属的病原菌引起。主要危害叶片,叶柄上也可发生。病斑初期为绿褐色小斑点,扩大后呈多角形或近圆形的褐色病斑。病斑外层有黄褐色晕圈,中央为白色。

该病菌在枯死的叶片和叶柄上越冬。次年5—6月开始发生,7—8月温度达20~30℃时,迅速蔓延,阴雨天、相对湿度大时危害更重。

褐斑病的防治方法同叶枯病。

（4）**生理性病害**　多发于5月中旬至7月中旬,随着气温的升高,病情也随之加重。其症状表现为浮叶边缘叶脉处失绿变白或变黄,叶片上出现褐色斑点,之后随气温升高,立叶亦出现干枯,浮叶死亡,最终整个植株死亡。

防治方法

对出现生理性病害的植株,应及早从盆中取出,去掉盆中的和附在地下茎上的宿土,换上新鲜的泥土,重新种植,并用干净的河水或晒过的自来水浇灌,一般可以重新发芽、发叶。

2. 虫害

（1）**黄刺蛾**　由于幼虫身体上生有枝刺和毒毛,形似刺猬,刺激人的皮肤发痒发痛、红肿,故俗称痒辣子。幼虫危害荷花叶片,初孵幼虫蚕食叶肉,长大后可危害整个叶片,受害叶呈不规则的缺刻状,严重时仅残留叶柄。

防治方法

刺蛾幼龄幼虫对药剂敏感,一般触杀剂均可杀灭。宜选在幼虫2~3龄阶段用药,常用的药剂有:90% 晶体敌百虫1 000 倍液,或用25% 灭幼脲悬浮剂2 000~2 500 倍液,50% 杀螟硫磷乳油1 000~1 500 倍液。

（2）**金龟子** 以老熟幼虫在土中越冬,次年5月间化蛹,成虫始见于5月底,6—7月危害严重（图3-5-2）。金龟子白天潜伏于草丛、土表,黄昏时成虫大量从土中飞出。金龟子啃食叶片,致叶片残缺不全,严重时,仅留下叶脉和叶柄。

防治方法

①人工捕杀或灯光诱杀。②50%辛硫磷乳油800倍液浸泡种藕,待种藕表面晾干后再栽植,持效期为20余天。③90%晶体敌百虫800倍液喷雾,或25%甲萘威可湿性粉剂800倍液喷杀,或50%辛硫磷乳油800倍液喷杀。

（3）**莲纹夜蛾** 莲纹夜蛾属鳞翅目,夜蛾科（图3-5-3）,又叫斜纹夜蛾、黑宝。其食性极杂,能吃的植物达99科,290种之多,其中喜食的达90种以上,是莲叶上常年普遍发生而且危害最重的害虫。成虫长14~20 mm,头、胸、腹均为暗褐色,胸背部有白色丛毛。前翅灰褐色,斑纹复杂,由前缘向后缘外方有3条白色斜线,故名斜纹夜蛾。后翅白色,无斑纹。老熟幼虫长35~47 mm,头黑褐色,体色因寄主和虫口密度不同而呈土黄、青黄、灰褐或暗绿色,背线、亚背线及气门下线均为灰黄色及橙黄色。莲纹夜蛾一年发生4~9代,世代重叠,以蛹或幼虫在土中越冬。4—11月均有发生,幼虫白天静伏,早晚取食,主要咬食叶片,有时也咬食花和果实。

图3-5-2 金龟子危害

图3-5-3 莲纹夜蛾危害

长江流域7—8月危害严重,黄河流域8—9月危害严重。成虫夜间活动,飞翔力强,一次可飞数十米远,具趋光性,对糖醋酒液及发酵的胡萝卜、麦芽、豆饼、牛粪等有趋化性。

防治方法

①用黑光灯或糖醋等酸甜物(红糖2份,酒1份,醋1份,阿维菌素1份,水1份)盛于盆中,诱杀成虫。②成虫常产卵于荷叶背面,成虫产卵盛期和幼虫初孵期及时摘除带卵叶片。③药剂防治:虫瘟一号斜纹夜蛾病毒杀虫剂1 000倍液,或用1.8%阿维菌素乳油2 000倍液,或用5%氟啶脲乳油2 000倍液,或用10%吡虫啉可湿性粉剂1 500倍液,或用18%施必得乳油1 000倍液,或用20%虫酰肼悬浮剂2 000倍液,或用52.25%农地乐乳油1 000倍液,或用25%多杀菌素悬浮剂1 500倍液,或用10%虫螨腈悬浮剂1 500倍液,或用20%氰戊菊酯乳油1 500倍液,或用2.5%高效氯氟氰菊酯乳油2 000倍液,或用4.5%高效氯氰菊酯乳油1 000倍液,或用2.5%溴氰菊酯乳油1 000倍液,或用5%氟氯氰菊酯乳油1 000~1 500倍液,或用20%甲氰菊酯乳油3 000倍液,或用20%菊马乳油2 000倍液,或用5%S—氰戊菊酯乳油2 000倍液,或用48%毒死蜱乳油1 000倍液,或用10%联苯菊酯乳油1 000~1 500倍液,或用90%灭多威可湿性粉剂3 000~4 000倍液,或用0.8%易福乳油2 000倍液,或用15%茚虫威悬浮剂4 000倍液,或用15%菜虫净乳油1 500倍液,或用44%速凯乳油1 000~1 500倍液,或用2.5%高效氟氯氰菊酯乳油2 000倍液,或用24%灭多威水剂1 000倍液喷洒。喷药时在药中加入1%洗衣粉,可增加黏着性。另外,因4龄后幼虫有夜出活动习性,施药应在傍晚前后进行,每隔10天喷1次,共喷2~3次。

(4)**莲缢管蚜** 俗称腻虫、天蜒(图3-5-4)。莲蚜体小,但繁殖快。成虫常成群密集于叶背和花蕾柄上,刺吸汁液。被害叶抱卷,不能顺利展开,花蕾凋萎,造成僵花。

防治方法

莲蚜主要发生在5—7月,应及时防治,可选用40%克蚜星乳油800倍液,或用35%卵虫净乳油1 500倍液,或用20%丁硫克百威乳油800倍液,或用2.5%溴氰菊酯乳油2 000倍液,或用20%氰戊菊酯乳油2 000~3 000倍液,或用50%抗蚜威可湿性粉剂2 000~3 000倍液,或用10%吡虫啉可湿性粉剂1 500倍液,或用3%啶虫脒乳油1 500~2 000倍液,80%杀螟硫磷乳剂2 000倍液进行喷施;也可使用洗衣粉1份、尿素4份、水400份,制成尿洗合剂,进行叶背喷洒。喷药后隔5~7天再喷1次。

(5)**蓟马** 蓟马成虫体小,长1.0~1.2 mm,淡黄色,翅狭长,透明,翅缘布满缨毛(图3-5-5)。若虫形态与成虫相似。以口针刺吸叶片及花的汁液,形成银白色小斑点,严重时可造成荷花叶片

图 3-5-4　莲缢管蚜危害

图 3-5-5　蓟马危害

卷缩,花枯萎,僵花僵蕾增加。其一年发生多代,春季先在杂草上危害并繁殖,再逐渐迁移危害荷花。6—7月天气干旱时,危害严重。

防治方法

可选用吡虫啉、啶虫脒、呋虫胺、乙基多杀菌素、阿维菌素、甲维盐、联苯菊酯等,也可用35%伏杀硫磷乳油1 500倍液、44%速凯乳油1 000倍液、10%虫螨腈乳油2 000倍液、1.8%爱比菌素4 000倍液、35%硫丹乳油2 000倍液。此外,可选用2.5%高效氟氯氰菊酯乳油2 000~2 500倍液或44%多虫清乳油30毫升兑水60 kg喷雾。

(6)**藕蛆** 又叫水蛆、地蛆、莲根虫、稻根金花虫(图3-5-6)。成虫为纺锤形褐色甲虫。幼虫纺锤形,乳白色,全体被褐色细毛。5—9月均可发生,一般在春天种藕出芽后,幼嫩的茎叶最易受害,也可危害地下走茎和藕。

图3-5-6 藕蛆危害

防治方法

①栽藕前,每盆中撒施少许生石灰,有预防作用。②栽种种藕前结合整地,每亩用60%辛硫磷颗粒剂3 kg,拌细土25~30 kg,或用48%毒死蜱乳油150 ml加水1 kg喷拌30 kg干细土制成药物土,于傍晚均匀撒施到放尽水的荷池中,并随即耕翻,使农药混入土壤中。③成虫期可用90%的敌百虫晶体或者50%杀螟硫磷乳油防治。

荷花切花生产与应用

（7）**蓑蛾** 幼虫吐丝作囊，身居其中，外面缀以碎叶、草棍、细枝等，形如蓑衣口袋，故称"口袋虫"，又因其行动时露出头和胸足，负囊前进，故又称"避债蛾"，也有地方称"吊死鬼"。蓑蛾 4 月孵化，初孵化的幼虫极为活跃，首先吐丝缀叶、树皮碎片等营造护囊，然后觅食叶肉，留下叶脉。被害叶片呈孔状。

防治方法

　　在幼虫低龄期喷洒 25% 喹硫磷乳油 1 500 倍液、或用 25% 除幼脲悬浮剂 500~600 倍液、或用 90% 晶体敌百虫 800~1 000 倍液、或用 80% 敌敌畏乳油 1 200 倍液、或用 50% 杀螟硫磷乳油 1 000 倍液、或用 50% 辛硫磷乳油 1 500 倍液、或用 90% 杀螟丹可湿性粉剂 1 200 倍液、或用 2.5% 溴氰菊酯乳油 4 000 倍液。在孵化高峰期用药，使幼虫不能正常蜕皮、变态而死亡。采收前 7 天停止用药。

（8）**蜗牛** 主要危害嫩叶。

防治方法

　　少量时可人工捕捉，也可在荷花种植场地四周堆草诱杀，或用 1:100 的硫酸铜溶液，或 1% 的波尔多液，或四聚乙醛颗粒剂喷洒。

（9）**螺害** 危害荷花的害螺主要有耳萝卜螺、椭圆萝卜螺、尖口圆扁螺、大脐圆扁螺和福寿螺等。

防治方法

　　① 冬季可结合兴修水利、平整土地等农田基本建设，消灭越冬螺。② 人工捕杀害螺和卵块，在螺害田放鸭啄食。③ 药剂杀螺。每亩用茶籽饼粉 3~4 kg，加温水 50 kg，浸泡 3 小时，取其滤液喷雾，或用 70% 贝螺杀 50 g，稀释 1 000 倍喷雾。也可用硫酸铜放入纱布袋中在水中来回拖动，使药物进入荷塘杀死害螺。

（10）**孑孓** 蚊子的幼虫，在碗莲盆中常有发生。

防治方法

　　① 蚊香灰或蚊香研成粉末放入盆中杀灭。② 较深的盆中放 1~2 尾杂食性鱼类，让其吞食孑孓。

46

3. 其他危害荷花生物防治

（1）**小龙虾** 学名为克氏原螯虾，又叫红螯虾和淡水小龙虾。小龙虾对荷花植株产生危害的时期在4—7月，在4—5月荷花萌发初期，最易受小龙虾危害，咬掉初生嫩叶与叶柄，易使荷花窒息死亡。

防治方法

在萌发初期，用甲氰菊酯或溴氰菊酯等农药灭杀。

（2）**浮萍与满江红** 浮萍（图3-5-7）又称青萍、田萍、浮萍草、水浮萍；满江红（图3-5-8）又称紫藻、三角藻、红浮萍。两种植物均为荷花池里常见的水面浮生杂草，繁殖速度快，生长迅速，多发生在春夏凉爽季节。荷花池中两种草害发生严重时，常见水面被全部覆盖，消耗水肥多，且使水体透光性、通气性变差，水面以下形成冷浸环境，抑制了荷花的萌芽生长，严重时甚至整株停滞死苗。

防治方法

种苗定植前，结合翻耕耙地，把田间杂草、越冬浮萍和满江红去除干净，减少杂草的基数。浮萍是有些鱼类的饲料，在有条件的荷花池中可采用生态养殖模式，在池中套养适量的鲤鱼、鳊鱼、鲫鱼。也可以在莲藕封行前结合追肥，浇泼或喷洒饱和碳酸氢铵水溶液，每隔15天1次，连续3次，以控制浮萍和满江红的恶性滋生，注意避免浇泼或喷洒到荷叶上。

图 3-5-7　浮萍

图 3-5-8　满江红

三、荷花切花的栽培与管理

（3）**水绵** 一种多细胞丝状结构的藻类,俗称水青苔(图 3-5-9)。叶绿体呈带状,有真正的核细胞,含有叶绿素可以进行光合作用。水绵一般在春季时发生严重,此时正值荷花萌发期,水绵大量滋生时,会缠绕荷叶,降低透光通气性,使荷花生长缓慢。水绵危害还使莲藕根部因气体交换不良,产生硫化氢、沼气毒害,使根部发黑,烂根等生理性病害,严重影响根部吸收功能和生长发育,降低产量和品质。

防治方法

冬季干塘时,每亩撒施生石灰 70~100 kg,以灭杀越冬菌丝。在莲藕萌发期水绵滋生严重时,可用晶体硫酸铜包入纱布袋中,在水中来回拖。也可以将硫酸铜溶液在田间局部发生区浇泼。

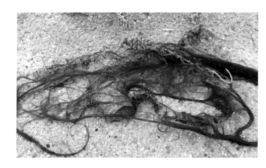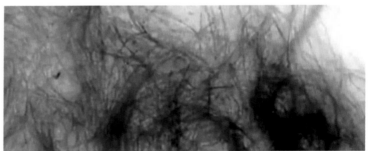

图 3-5-9 水绵

在喷洒药液防治病虫、草害时,应喷细雾,如控制不好,也可将药液喷洒荷叶的背面。无论采取何种措施,都要注意不要使药液聚留于叶心、花心,以免造成药害而腐叶烂花。

四、荷花切花的保鲜技术

（一）荷花切花采后生理技术

鲜切花是高度易腐烂的观赏园艺产品之一。为了减少鲜切花采后损失，我们应当充分了解鲜切花的采后衰老、腐败过程中内部生理变化和外部环境的影响，在此基础上采取可行的采后技术措施，延缓衰老过程，尽可能保持其最佳观赏品质。20世纪80年代以来，国内外花卉贸易快速发展，花卉采后生理保鲜技术的研究日趋深入，形成了一门新兴的学科——花卉采后生理技术，使鲜切花调运、贮藏等各技术环节的理论与实践水平大幅度提高。

荷花切花（图4-1-1）具有含水量极高、易受到机械损伤、极易枯萎、失水后收缩变形等特点，也易受到细菌和真菌的侵袭，导致病理性腐败。尽管荷花切花已有上千年以上的历史，但在采后保鲜方面还存在着技术瓶颈，还需要摸索实践。因此，必须借鉴其他花卉采后保鲜方面的研究成果，来提高荷花切花的采后保鲜水平。

图4-1-1　荷花切花

1. 采前栽培条件对切花采后寿命的影响

荷花切花栽培期的光照强度、温度、空气湿度，均会直接影响荷花切花的生长和采后品质及寿命。有研究认为切花品质的30%~70%取决于采前生长条件，如营养状况、气温等，其中以光照影响最大。

（1）光照　光照是植物生长发育获得良好品质的重要条件之一，直接影响植物的干物质积累、颜色、形态结构，间接影响植物的品质和耐藏性。荷花是强阳性植物，光照不足不仅影响花芽分化，而且直接影响到荷花切花的质量。光照强度对荷花切花光合作用效率有直接影响，而光合作用效率又直接影响着荷花切花的碳水化合物的含量。阳光充足、温度适宜、昼夜温差大，有利于植物体内碳水化合物的积累，促进色素形成和呼吸代谢的进行，使切花花色艳丽、生长健壮、延长其观赏寿命。在弱光照条件下生长的荷花切花,花梗徒长,花梗成熟延迟,花梗成熟度不足,荷花切花花蕾过重引起"垂头"现象。荷花切花采前光照强度还影响花瓣的色泽。花瓣色泽饱和度取决于其周围组织中碳水化合物的供应量,所以商业化切花保鲜剂中含有蔗糖或葡萄糖,用于补充切花损失的内源糖类,使切花保持其原有的色泽和品质。但是,过强的光照对荷花切花的质量也有影响。过度的光照会使花瓣尖部出现褐色,花苞内部出现"黑心"。

(2)温度　栽培期间温度过高,荷花切花生长迅速,但衰败的速度也快,会缩短其切花供应时间,降低切花的品质。这是因为高温会导致植物组织中积累的碳水化合物加速消耗,并使植物新陈代谢加快。荷花切花在三伏天前或三伏天后比在三伏天生长的质量好,并耐插。荷花切花最适宜的生长温度在24~32℃之间。

(3)施肥　合理的施肥和灌溉是切花正常生长发育的重要保障。施肥应注意氮、磷、钾综合平衡。虽然氮肥是植物生长和保证产量不可缺少的矿物质营养元素,但过量的施入氮肥会使植株营养生长过盛,形成徒长,会降低荷花切花品质,缩短瓶插寿命,还容易产生乙烯,加速切花衰老。因此,在花蕾露色之后要停止施氮肥,适量增施含钾、钙的肥料,可增加花枝的耐折性、保水性及抗病虫害的能力,对提高荷花切花品质是极为有利的。土壤中含盐或含氯高,会造成生理损伤,荷叶出现黄化,从而影响光合作用,影响荷花切花的品质。出现上述情况,用硫酸亚铁 5 kg 混入 100 kg 的饼肥中,再加水 500 kg 沤肥,用肥水泼浇。在生产实践中,常用农家肥作为底肥,在盛花期及时补充复合肥,以满足荷花切花生长的需求。

(4)病虫害　病虫害不仅会影响荷花的生长,造成早衰,使产量降低,而且对其品质和耐贮性也有不良影响。在荷花切花栽培过程中严格控制病虫害,对于生产出高质量切花,延长切花货架寿命至关重要。

2. 与衰败有关的生理学变化

鲜切花采收以后,虽离开了母体,断绝了水分与养分的供给,但仍然是具有生命的活体。其最重要的特征是仍然进行着旺盛的呼吸代谢,以维持其生命活动所需的能量和各种代谢所需要的物质。切花产品保持正常生命力的能力取决于其耐贮运性、抗病性的强弱,并受到品种自身特点、环境条件等各种因素的影响。荷花切花贮运保鲜,就是通过调控采前荷花切花质量和产后的贮运环境条件,利用各种辅助保鲜措施,尽量保持切花的新鲜,避免其腐烂变质,延缓其成熟衰败,在实现保持荷花切花新鲜的前提下,达到延长贮运期和供应期的目的。花卉采后生理是研究切花产品采后生理代谢规律及其影响因素的一门科学,它为我们有效地制定延长切花寿命措施提供了理论依据。

(1)呼吸作用　切花是活的生命体,呼吸作用是切花采后最主要的代谢过程。切花采后的呼吸作用分为有氧呼吸、无氧呼吸和愈伤呼吸 3 种类型。有氧呼吸为切花提供其所需的大量能量。有氧呼吸就是切花的细胞组织从周围空气中吸收氧气,氧化分解有机物质释放能量,最后生成二氧化碳和水,呼吸的正常基质是葡萄糖。切花中无氧呼吸最常见的是酒精发酵,其最终产物是乙

醇和水。切花通过无氧呼吸所获得的能量,比通过有氧呼吸得到少得多。同时无氧呼吸的最终产物乙醇和中间产物乙醛在切花细胞中积累过多,会导致切花生理失调。植物在受到机械损伤时,呼吸速率显著增高的现象叫愈伤呼吸或创伤呼吸。呼吸作用释放热量还能使贮藏温度升高,加速切花衰败。采后,切花温度会随着呼吸作用的不断进行而逐渐升高,这种呼吸热的存在对切花的贮藏保鲜非常不利,因此必须降低切花采后的呼吸速率或降低切花贮藏环境的温度,以减少呼吸热的释放。

呼吸强度也叫呼吸速率,是指在一定温度下单位时间内,单位重量产品呼出的二氧化碳或吸入的氧气量,是表示花材新陈代谢能力的重要指标,是估算采后寿命的依据。控制采后切花的呼吸强度,是延长贮藏期和瓶插寿命的有效途径。影响呼吸强度的因素很多,概括起来主要有以下6点:

种类和品种　不同种类切花的呼吸强度有很大差异,这是由植物自身特性决定的。呼吸强度越大,切花寿命越短。同一种类不同品种之间呼吸强度差异也较大。实际上,即使是同一品种,在不同的发育时期呼吸强度也有较大的差异。

采收成熟度　采收成熟度反映切花花蕾的发育情况,成熟度低的切花呼吸强度相对较低,成熟度高的呼吸强度则相对较高。因此,不能等到荷花完全开放后再采收,这样会影响货架寿命和瓶插时间。荷花切花应在花蕾露色后,萼片刚刚松动时采收,在到达消费者手里时完全开放。荷花切花中的一些品种可以手动打开,应尽可能地早点采收,在花蕾期即可采收。这样不仅可以节约运输空间,而且鲜花不易受机械损伤,乙烯的释放也较少,可延长采后寿命。

温度　温度是影响采后切花呼吸作用最重要的因素。在一定的温度范围内,环境温度的高低直接影响切花呼吸代谢的强弱,也就是说,降低环境温度能使切花呼吸代谢过程减缓,物质消耗变低,延长其贮藏寿命。同时,温度较低,切花的蒸腾速率较慢,水分损失减少,不易萎蔫。但这并不说明切花贮运的温度越低越好,对耐低温的荷花切花品种一般可把切花不结冰为贮运的温度界限。适宜的低温可以显著降低切花产品的呼吸强度,并推迟呼吸跃变型切花的呼吸跃变高峰的出现,甚至不表现呼吸跃变。最适低温因产品种类而异,在某一温度下的持续时间也影响到产品的呼吸强度和物质代谢。

气体成分　大气中氧气和二氧化碳浓度变化,对呼吸作用有直接影响。呼吸作用的反应物是氧气,生成物是二氧化碳。若降低环境中的氧气的含量,并增加二氧化碳的含量就会减弱呼吸作用。但两者的比例应适度,在不干扰组织正常呼吸代谢的前提下,适当降低环境氧气浓度,并提高二氧化碳浓度,可以有效抑制呼吸作用,减少呼吸消化,更好地维持切花品质。这是气调贮藏的理论依据。

机械损伤　机械损伤对产品呼吸强度的影响因荷花切花的品种及受损伤的程度不同而不同。轻度机械损伤会促进呼吸作用,但经过一段时间能够恢复正常。重度机械损伤是指产品出现明显的伤害,将引起呼吸强度大幅度提高,经过一段时间也很难恢复,往往会对切花产品品质造成一定影响。由重度机械损伤引起的呼吸称为伤呼吸。

病虫害 病虫对切花造成的危害是不同的。虫害造成的危害包括两个方面:一是造成开放性伤口,这一点类似重度机械损伤;二是昆虫本身的分泌物对产品的影响,往往引起呼吸强度增强。病害也包括两种类型:一是专性寄生菌引起的危害,植物为了抵抗专性寄生菌危害,往往会加大呼吸强度,合成有毒物质,在寄生菌的周围形成坏死斑,使专性寄生菌无法蔓延;二是兼性寄生菌引起的危害,植物主要通过加强呼吸来分解毒素,并达到防疫侵害的目的。

总之,应选择耐贮性好的品种,在适宜的成熟度时进行采收。然后利用低温和调节气体的方法抑制产品的呼吸作用,减少营养物质消耗,延缓衰老。但要注意的是,温度和氧气浓度不能太低,二氧化碳浓度不能过高,要保持其正常的生命活动,使其具有较强的耐贮性和抗病性。

(2)水分代谢 植物体内的水分代谢包括水分的吸收和水分的利用及水分的散失。水分散失以气体状态进行,即所谓的蒸腾作用,就是水分以气体状态通过植物体表面(主要是叶子)蒸发到体外的现象。蒸腾速率受到植物内部因素(形态与解剖特征、表面积与体积比例、成熟阶段、表面有无损伤等)和外部环境因素(气温、相对空气湿度、空气流速、气压等)的影响。蒸腾作用不仅使植物体散失水分,也是植物被动吸水的关键。正常的切花在没有脱离母体时,只要水分管理适当,其体内水分含量就能够达到动态平衡,可以保证其正常生命活动及优良的观赏特性。切花一旦与母体脱离开,通过根系吸水的功能就基本丧失,但其失水功能及蒸腾作用还正常进行,这就会导致切花的严重缺水,水分平衡遭到破坏。因此,可通过对切花采取保护措施来控制失水,如在表面涂膜、用塑料薄膜包裹;还可通过调节环境因子来影响蒸腾作用,如保持切花周围空气的高湿度、降低温度和空气流速等。切花采后水分散失是其品质下降的主要原因之一。失水不仅会导致切花重量变轻,叶片萎蔫和皱缩影响外观,而且切花的结构和营养品质会变差,加速衰败生理过程。

切花的水分代谢是切花采后的重要生理过程,而由于各种因素引起的水分代谢失调是导致切花衰败凋萎的重要原因。切花要保持其新鲜状态,其细胞和组织必须保持水分的蒸腾与吸收之间的平衡,并具有高度的膨胀状态。一般情况下,切花在脱离母体后,失水5%~8%就会出现萎蔫状态,导致品质下降而影响市场销售。切花采后常插于水中和保鲜液中,其散失的水分能得到弥补,典型情况是,切花的鲜重在初期阶段增加,然后逐渐减少,在其后水分的吸收会有波动,但总趋势是失水量大于吸水量。

花茎水分传导性逐渐降低,其原因有:一是水中微生物繁殖繁衍及其分泌物大量聚集,阻塞了输水导管,其代谢产物对切花也造成毒害。二是切花切口处分泌乳液(荷花切花切口易分泌出白色乳液)发生氧化作用,生成流胶、多酚类化合物或果胶一类沉淀物,堵塞导管,毒害茎组织。三是切花茎剪取后,在采后处理及贮运过程中,荷花切花花梗中空,容易造成空气进入导管内形成"气栓"而阻碍水分传导。

针对上述3种原因,可采用加杀菌剂来抑制微生物和真菌的繁殖。在水中加糖可促进切花水分平衡,延迟凋谢,这样可以增加切花细胞中渗透压和持水能力。同时,一些矿质元素离子也可增加细胞渗透浓度,延迟切花衰败。荷花切花极易失水,剪取后应迅速将荷花切花茎基部移入水中,

还可将切口在80~90℃水中浸数秒或火灼控制"气栓"。

反失水措施

要保证荷花切花、切叶在采收后具有较强的贮藏保鲜期和较高的观赏价值,就必须在采后及时补充水分,以防止荷花切花出现枯萎、边缘失水等现象。反失水措施如下:

① 采收后及时用荷花专用注水器向花梗、叶柄内注水。

② 保持较高的空气湿度,一般在90%~95%。

③ 荷花切花采收注水后使花梗长期处于浸水状态,人为创造一个吸水环境。

④ 在运输过程中,注意运输箱里保持5~8℃低温,少量快递可用泡沫保温箱加冰降温处理,避免阳光直射,尽可能地缩短运输时间。

⑤ 不要在风速较高的环境中进行分级、包装处理,尤其不能露天在与外界气体交换量大的环境中,避免花瓣或叶片被吹干。

⑥ 整理完毕后,及时送入冷库,并覆盖薄膜保湿。

（3）乙烯的作用　乙烯是一种分子结构简单的有机物,常温下为气体,是植物代谢的天然产物,高等植物的所有器官和组织均可产生。乙烯是内源衰老激素,切花衰老的最初反应之一便是自动催化而产生乙烯。一方面切花在衰老过程中产生乙烯,另一方面产生的乙烯又进一步促进切花衰老,并导致切花最终凋萎变质。即使乙烯的浓度非常低,也具有高度的生理活性,会引起未熟的花萎蔫或者加速花苞及花瓣的脱落。在荷花切叶中,乙烯也会引起不良反应,使叶变黄或者叶边缘呈褐斑,有碍观赏。虽然切花产品产生乙烯的能力与其易腐性之间并无固定关系,但大部分切花暴露于乙烯气体中会加速衰老。一般情况下,切花采收后如遇机械损伤、病害侵袭、温度过高（30℃以上）、失水等情况都会加快其自身乙烯产生速度。

3. 空气污染与环境清洁

在荷花切花的生长过程中,应注意避免空气污染。污染主要是含有大量的乙烯和其他有害物质,它们会加速切花的衰败。生产场地应及时清除杂草以及腐烂的植物残渣,保持清洁。

（1）温度　温度是影响采收后荷花切花腐败速率的最重要的环境因子。所有的荷花切花在发育和衰老过程中都受到温度的控制。气温过高将加速荷花切花的衰老过程,大大缩短其瓶插寿命。低温可以减少切花的呼吸消耗,降低病虫害的发生和扩散速度,降低乙烯的积累,从而减缓产品的衰老,保持产品的质量,延长贮藏期。荷花切花采收后应尽快转移至冷凉的储藏间,脱除产品带回的田间热。低温既可减缓呼吸速率和切花内糖类及其贮藏营养物质的消耗,也可阻碍水分散失,抑制病原微生物的生长。在低温下,切花自身产生的乙烯较少,对环境中乙烯的敏感度也降低。某些病原（如腐烂病菌）对低温很敏感,低温可大大减轻它们的发病率。

荷花切花暴露于过低或过高温度下,可导致各种生理失调。常见的有3种情况:一是荷花切花置于0℃以下环境中,组织结冰会造成的冻害。二是荷花切花置于5℃以下环境中,容易产生表面脱色,花瓣产生斑点和花蕾停止生长,瓶插后不易打开。三是荷花切花直接暴露于直射阳光下或过热温度中会造成伤害,花苞内部发黑,腐烂。在整个采后环节中,荷花切花应置于适宜的低温中。试验表明,荷花切花采后适宜的贮藏温度为5~8℃。

（2）空气湿度　荷花切花产品采后水分散失情况,取决于其与周围空气的水汽压力差,受到相对湿度的影响。湿度的高低与失水的大小成反比,湿度越低失水越快。高湿环境容易滋生微生物,造成切花产品腐烂。荷花切花含有大量的水分,在采后处理过程中,如被置于低湿度环境中,水分极易散失,表现为萎缩,组织发生皱缩和卷曲。一般来说,刚采摘的荷花切花产品植物组织细胞间隙中水汽含量接近饱和,切花周围大气水汽含量通常低得多。

在实际生产中,不可能完全限制切花的水分蒸腾作用,但可以通过提高分级间、包装厂和贮藏室的相对湿度,降低它们内部的气温,以及限制空气循环来减少切花水分流失。高温高湿会增加切花被病虫害侵染的风险,因此保持贮藏条件为高湿、低温和中等程度空气循环为最佳组合。试验表明,荷花切花贮藏湿度以90%~95%为宜。通常会在切花上覆盖薄膜,防止水分流失。

（3）光照　切花通常在弱光照或黑暗状态下贮藏和运输。切花用含糖的保鲜剂处理过后,采后贮运过程中光照不足,一般不会明显影响切花的寿命。只有处于花蕾阶段的切花开放时,才需要较高的光照强度。

（4）碳水化合物　碳水化合物是切花的主要营养源和能量来源,它能维持切花离开母株后的生存需要。它可调节细胞水分平衡和渗透力,促进鲜切花的水分平衡,保持切花花色鲜艳。为了延长荷花切花的贮藏期,常在荷花花蕾期收获,经剪切的花梗需要外加糖液补充营养。在低纬度、高海拔的地区（日照强烈,气温较凉爽）切花的保鲜期更长,如云南生产的荷花切花比南京生产得更耐插。这是因为低纬度、高海拔地区的荷花体内贮藏碳水化合物较为丰富,切花的品质较好,更耐插。切花内的碳水化合物含量与贮藏条件也有关系。贮藏温度过高,切花呼吸速率上升,大量消化掉组织内的贮藏营养,使切花寿命缩短。蔗糖是保鲜剂中使用最广泛的碳水化合物之一。其他代谢糖,如葡萄糖和果糖也有同样的效果,非代谢类则不起作用。为了提高切花品质,延长切花的寿命,在采后用含代谢类糖的花卉保鲜剂处理切花,已成为商品化生产的常规措施。

处理的目的不同,所选的糖浓度也不同。一般而言,短时间浸泡处理所用的预处液糖浓度相对较高,长时间连续处理所用的瓶插液浓度相对降低。催花液则介于两者之间,在瓶插液、催花液、脉冲液中的蔗糖浓度依次为0.5%~2.0%、2.0%~10.0%、10.0%~20.0%。值得注意的是,糖保鲜液必须与杀菌剂一起使用,避免微生物繁殖过多引起花茎导管的堵塞。

（5）乙烯　切花的寿命与品质还受到周围大气中的气体成分的影响。其中乙烯起着十分重要的作用。大气中的乙烯自然来源为植物、微生物、火山爆发和工业废气等。乙烯是鲜切花衰老过程中最为重要的植物激素,与鲜切花衰老的关系最为密切。荷花切花对乙烯较为敏感,受害时表现为花蕾不开放、花瓣枯萎有黑斑点,以及花瓣脱落等。乙烯对切花的伤害程度,取决于其浓度、

暴露时间的长短、温度及空气中二氧化碳的浓度。可以采取的措施有降低室温、降低包装厂和贮藏库中的乙烯浓度。同时,增加二氧化碳的浓度可以降低荷花切花对乙烯的敏感度。

防止乙烯危害的具体措施

① 做好病虫害防治工作。② 在剪取、分级和包装过程中,做到轻拿、轻放,避免对切花造成机械损伤。③ 在花蕾适宜的发育阶段采收切花。即掌握好荷花切花的成熟度。④ 采收后立即冷却切花。⑤ 在冷库、分级间、包装厂和贮藏库每个环节中保持清洁,及时清除残枝败叶等腐烂的植物材料。⑥ 不要把切花和水果、蔬菜贮藏在同一场所,因为水果和蔬菜能产生较多的乙烯。⑦ 不要把两种不同成熟期的荷花切花放在一起一同贮藏。⑧ 冷库和采后工作场所要适当通风。

由于乙烯是促进荷花切花衰老的主要物质,抑制乙烯合成及其作用成为切花保鲜的重要措施。因此,许多抑制内源乙烯生成、控制较少外源乙烯存在的化学药剂被添加到切花保鲜剂中。它们主要成分是乙烯合成抑制剂、乙烯作用抑制剂、乙烯清洁剂等制剂。

（二）荷花切花保鲜方法

1. 切花保鲜的原理

（1）营养亏缺理论 花卉产品的生殖器官从其他器官中获取了大量的营养物质,致使其他器官缺乏营养而死亡。营养缺乏来自两个方面:一是营养物质从不同的衰老的器官转向生殖器官;二是营养物质从营养供应器官,通常认为是根、叶获得维持生存和生长必需的营养,再转运给生殖器官或从营养器官中运出。

（2）激素调控理论 在植物营养生长阶段,地上叶、花、茎和地下的根、地下茎所合成的植物激素通过运输系统在植株体内形成一个互相协调的反馈环,从而维持着植物的生长和代谢。植物激素对衰老的调节作用通常被认为是植物体内各种激素或几种植物激素所调控的综合效应。

切花保鲜技术就是根据上述原理,采取物理、化学、生物及基因工程等方法来实现。其中以物理保鲜和化学保鲜技术在实际的切花保鲜中应用较多,通常是两者联合起来使用。

2. 物理保鲜的主要方法

物理保鲜的技术是指利用一些护理的方法,如预冷、低温贮藏、创造适宜气体条件、辐射、超声波等,降低切花的呼吸及蒸腾作用,抑制植物体内乙烯的生成,从而延缓切花的衰老进程,延长瓶插寿命,达到切花保鲜的最终目的。在实际应用中,一般是一种或几种以上的物理保鲜技术同时应用,如减压贮藏技术同时应用了低温、低氧、去除乙烯等多种保鲜综合手段。

（1）调节气体贮藏法 通过增加二氧化碳浓度同时降低氧气浓度,去除有害气体,并结合低温环境,减缓组织中营养物质的消耗,抑制乙烯的产生和作用,限制微生物的繁殖,使鲜切花代谢过程减慢,延缓衰老。

（2）**冷藏法**　荷花切花生长在炎热的夏季,田间的温度比室内温度高许多。当荷花切花进入贮藏室后气温就会降低,释放出的热量,称为田间热。荷花切花及时除去田间热,降低切花产品温度是保证其品质优良的必要条件。冷藏保鲜高效、经济,因而被广泛地采用。冷藏分为干藏与湿藏两种方式。荷花切花含水量高,多采用湿藏。所谓湿藏,就是将切花茎秆直接浸入水中或保鲜剂中,或通过采取一定的措施,如用湿棉球包扎茎基切口处等措施,以保持水分不断供给的贮藏方式。湿藏不需要包装,切花组织始终保持高膨胀度,但占地面积大。湿藏比干藏温度高,这样切花体内消物质消耗快,花蕾发育和衰老进程也快,贮期较短。

（3）**薄膜包装贮藏法**　是利用薄膜密封包装,并通过贮藏本身的呼吸所形成的气体条件进行贮藏的技术措施。主要采取聚乙烯薄膜包裹,降低呼吸消耗和乙烯的生成量,防止蒸腾失水,达到延长切花寿命的目的。同时,冷库采用通风装置时,必须防止通风量过大而带来的切花水分丧失,可以用聚乙烯薄膜覆盖花朵保湿。

3. 化学保鲜技术

化学保鲜技术通过调节切花（切叶）生理代谢,达到人为调节切花衰老开花和衰老死亡进程,减少流通损耗和提高观赏质量的目的。由于切花产品不同于其他园艺产品,它仅以观赏为目的,因此在不造成环境污染的前提下,通过茎秆基部或其他途径吸收保鲜剂,调节生理代谢机能,抑制微生物的繁殖和内源乙烯的生成,防止茎秆导管的生理性堵塞,从而保持通畅的水分运输,有效延缓切花衰老的过程,延长瓶插寿命,以达到切花保鲜和提高观赏品质的最终目的。

目前,荷花切花的保鲜液的配方中多含有糖、硝酸银、柠檬酸、氯化钾、8-羟基喹啉等。鲜切花保鲜剂的3种类型,各有不同的用途。一般来讲,预处理液是根据不同鲜切花特性研制的,不能混用。瓶插液是由花店和消费者进行自行研制的,花店和消费者瓶插花量小、种类杂,不同切花之间可以通用。常用的保鲜剂有:

（1）**预处理液**　为切花采收分级后,贮运或瓶插前进行预处理所用的保鲜剂。其目的是促进花枝吸水、提供营养、灭菌,以及减少贮运中乙烯对切花的伤害。具体的处理方法有:吸水或硬化、脉冲或填充、茎基消毒等。吸水就是用符合保鲜的水配置,其含有杀菌剂和柠檬酸的溶液,不加糖,pH 值为 4.5~5.5,加入适量的润滑剂。先在室温下把切花花茎在 38~44℃的温水中斜切,转移至同一温度的上述溶液中,溶液深 10~15 cm,浸泡几个小时后移入冷库中过夜,目的是使萎蔫的切花恢复新鲜。脉冲处理是把花茎基部放置于含有较高浓度的糖和杀菌剂溶液（又称脉冲液）中数小时,目的是为切花补充外来糖源,以延长瓶插寿命。

（2）**催花液**　又称开花液。一些蕾期采收的切花,在上市前要在含有糖等可促使花蕾开放的溶液中进行处理,直到花蕾开放。蕾期采收,便于贮运,但开花时需要经催花液处理才能开花。催花液通常含有 2%~10% 的蔗糖和杀菌剂,催花过程应有较高的温度、相对湿度以及充足的阳光。

（3）**瓶插液** 又称保持液。是切花在瓶插观赏期所用的保鲜剂,主要功能是除提供糖源和防止导管堵塞,同时还起到酸化溶液、抑制细菌滋生、防止切花萎蔫的作用,一般含有蔗糖、杀菌剂、植物生长物质和有机酸。

荷花切花花梗、叶柄中空,对脱水较为敏感,瓶插时,导管容易受细菌侵扰而堵塞。有资料指出,采切后某些鲜花有汁液渗出时,要及时将每次剪后的花茎插入85~90℃热水中浸烫数秒,以抑制汁液的外渗,否则汁液在切口凝固,会影响切花对水分的吸收。试验表明荷花虽有汁液（白浆状）,但用上述方法效果不明显,采后可用荷花专用注水器将花梗、叶柄注满水可以明显防止失水。在采后处理过程中,经分级包装的切花应在第一时间运输到冷库预冷,以排除大量的田间热,减少切花的呼吸作用,延长瓶插寿命。冷库温度宜保持在5~8℃,相对湿度要求在85%~95%。在预冷的同时,切花需要及时注水并插入水中或保鲜液中,以改善切花的品质。

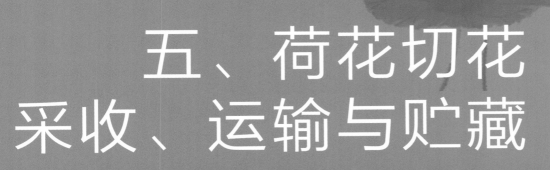

五、荷花切花采收、运输与贮藏

（一）荷花的采收、分级与包装

1. 采收标准

荷花切花采后一般经历两个不同的发展阶段:第一阶段蕾期到充分开放;第二阶段是充分开放到成熟衰老。采后技术要达到两个目的:一是促进采后荷花切花的花蕾的开放,使荷花切花观赏特性能充分展示;二是降低代谢,延缓开花和衰老进程,延长荷花切花的寿命。切花收获的适宜时期随切花品种而异,也因季节、环境条件、市场远近和特殊消费需求而变。过早或过晚采收都会缩短鲜花观赏寿命。一般来说,在能保证开花最优品质的前提下,尽早采收为宜。假如荷花切花采收过早,花朵因为花梗维管束组织纤维化程度不够,不能正常开放,或者"垂头",或易于枯萎。所以,荷花切花在适当的成熟度采收非常重要。笔者经过实践总结出荷花切花成熟度划分表(表5-1-1、图5-1-1),供生产中参考。

表 5-1-1 荷花切花成熟度划分表

成熟度编码	描述	采收情况
1	花蕾已露色,萼片未松动,花蕾顶部未露孔	不能采收
2	萼片松动,花蕾顶部未露孔	可以采收,适合远距离运输或贮藏
3	萼片松动,花蕾顶部露孔	最适宜采收期,可兼远近距离运输或贮藏
4	萼片下垂,花蕾初步打开,花被开始松动	尽快采收,就近运输销售
5	萼片脱落,花蕾完全打开。花被打开角度大于30度以上	尽快采收,必须就近尽快出售

一般而言,越在花朵发育的后期采收,荷花切花的寿命越短。因此,在能保证花蕾正常开放、不影响品质的前提下,尽量在花蕾期采收。其优点有:缩短荷花切花生长周期,提早上市,提高荷花切花用地及其相关设施的利用率;降低病虫害的危害,提高荷花切花的质量;花蕾期花朵紧凑,节约空间,便于采后贮藏和运输;降低荷花切花在流通中的机械损伤,降低对乙烯的敏感性。如此可达到降低生产成本和延长荷花切花采后寿命的目的。

2. 采收时间和方法

采收荷花切花工具一般为枝剪或刀口锋利的剪刀,通常在清晨或傍晚进行。清晨采收可以使切花细胞保持比较高的细胞膨压,使采后的荷花切花保持较高的含水量,减少采后萎蔫的发生;中午到下午温度较高,切花采后易失水;傍晚切花经过一天的光合作用积累了较多的碳水化合物,营养充实,质量较高,同时温度也比下午有所下降,也是较为理想的采收时间。荷花切花切离母体后,应立即放入事先准备好的盛有清水或保鲜液的容器中,并尽快预冷,以防水分散失。采收时,要尽可能地避免高温和强光。剪刀要锋利,水上平口剪取,水下剪取会引起水沿花梗空心倒灌,使整个植株窒息死亡。平口剪取有利于向花梗中注水。

图 5-1-1　荷花切花成熟度

采收荷花切花时花梗不宜过长,过长切花不易吸水至花朵处,容易失水枯萎。切叶时应选有美洲黄莲基因的品种。选取其中叶厚、叶绿且粗糙的老叶,叶直径大小在 15~35 cm,叶柄长度小于 45 cm 为宜。荷花切花的花季在炎热的夏季,采切的荷花切花应立即转入冷房中以散去田间热,并及时向花梗中注水,防止形成"气栓"导致切花失水。剔除携带病菌的花枝,避免从花圃带出的病菌在采后流通过程中蔓延,使荷花切花失去商品价值。

3. 整理分级

为了便于贮藏、销售和荷花切花品质的控制,在采后要及时对其进行整理分级。在实际操作中,应按照《荷花切花质量等级划分标准》(表 5-1-2),对荷花切花进行分级,使产品高度规格化和商品化。只有这样才能提高荷花切花的经济价值。对采收的荷花切花进行整理分级后,剪去花梗基部 2~3 cm,剪切时同样应平剪,这样可以避免基部导管被挤压,也方便注水。花梗基部是由非常狭窄的导管组成的,对水分传输有阻碍作用,将其切去之后,花朵更容易吸水。同时,荷花切花产品在采收时,空气有可能被吸入导管形成气泡而导致花朵吸水困难。应切去基部一部分花梗,除去导管中可能存在的气泡,便于荷花切花吸水。

表 5-1-2　荷花切花质量等级划分标准

项目	一级品	二级品	三级品
花	花色纯正、鲜艳具光泽;花形完整、端正饱满,花瓣均匀对称	花色纯正、鲜艳;花形完整、端正饱满,花瓣较均匀对称	花色一般;花形完整,较饱满,花瓣略有损伤
花茎	挺直、强健,有韧性,粗细均匀 长度≥ 50 cm	挺直,粗细均匀 长度≥ 40~49 cm	弯曲,粗细不均匀 长度≥ 30~39 cm
采收时期	萼片松动,中间露孔		
装箱容量	每10 支捆为一扎,每扎中切花最长与最短的差别不超过 1 cm	每10 支捆为一扎,每扎中切花最长与最短的差别不超过 3 cm	每10 支捆为一扎,每扎中切花最长与最短的差别不超过 5 cm
形态特征:多年宿根草本,株高 30~150 cm,茎直立。叶圆形,边缘有波纹。花顶生,花茎 5~25 cm,花色有白、黄、红、粉、复色、嵌色等,花有碟状、碗状、杯状、球状、叠球状和飞舞状			

(二)荷花切花的包装运输

1. 包装

荷花切花按质量标准严格分级后,按不同等级让切花的长度一致,花头对齐,每 10 支捆为一扎,花束捆扎不能太紧,防止切花受伤和滋生霉菌。花束通常用湿纸或发泡网或塑料套保护花朵,并用胶圈在花梗基部捆扎,然后放入厚纸箱中用以冷藏或装运。纸箱的宽约为 30 cm,长度和高度由切花数量和长度来决定,通常一箱的标准装箱数为 30 支。数量过多会使花蕾挤压变形,各层切花反向叠放箱中,花朵朝外,离箱边 5 cm。装箱需以绳索捆绑固定,封箱需用胶带或绳索捆绑。

纸箱两侧需打孔,孔口距离箱口 8 cm。包装箱必须有明显的标识,标记收货人、切花种类、品种名、数量、花色、质量等级、装箱容量、出品人、出品日期、备注等。

2. 运输

切花与其他花卉产品一样,消费者需求千变万化,市场繁荣是解决供需矛盾的重要保证。不同切花产品生产的地域性很强,为满足各地消费者,各种距离的运输是不可避免的。根据目的地的远近,切花运输采取不同的形式与工具。荷花切花因含水量大,保鲜困难,只适宜冷藏短途快递运输、航空快递和全程冷链运输。荷花切花快递过程中,可以把冰砖或冰块放在包装箱内,并将荷花切花放在塑料袋中与其隔开。荷花切花运达目的地后,应立即拆箱,更新切口,保鲜湿藏。

(三)荷花切花的贮藏

为了减少产品积压损失,避免切花集中上市,荷花切花需要进行大规模的保鲜贮藏,便于经营者选择合适的时间和地点销售,获取最大的经济利益,同时满足市场对产品的长期需求。目前荷花切花贮藏多采用冷藏。为了提高贮藏效果,操作过程中应注意以下因素:

1. 花材

切花自身的品质即花材质量是决定贮藏取得成功的首要条件。一是产品不能有病虫害感染,因为贮藏库中贮存了大量的产品,病虫害扩散会造成极大损失。二是产品不能受到机械损伤,机械损伤容易产生微生物病害。三是切花自身的营养状况要优良,储备足够的水分和碳水化合物以供贮藏期间的呼吸消耗。

2. 预冷

新鲜的荷花在采收后,运输、贮藏或者加工之前,需要通过人工措施,如通风或人工制冷,将切花体温迅速降到适宜温度,即除去田间热,目的是使产品尽快降温,以便更好地保持其新鲜品质,延缓衰老,延长瓶插寿命。在预冷过程中,开始时间要尽早,使切花从采收到预冷的间隔时间越短越好。贮藏温度一般为 5~8℃,湿度为 85%~95%。

在花卉贮藏运输前,需要将花卉所携带的田间热迅速除去,以使切花产品的呼吸代谢保持较低水平,这项技术即为预冷。通过预冷处理,花卉自身温度降低,生理活动受到抑制,有助于保证花卉产品有较高的品质。切花预冷常采用以下 5 种方法:

(1)**自然预冷** 将鲜切花产品放置在阴凉通风的地方任其自然冷却的方法。这种方法简单易行,但降温慢、效果差。

(2)**接触冰预冷** 使用天然或人造冰为冷源,使之直接接触被预冷的花卉,从而降低其体温的技术措施。常用的方法是在装有花卉的容器中加入冰袋和水的混合物。

(3)**冷库预冷** 在温度 5~8℃的冷库中把荷花切花插入浸水的容器中,经过 1~2 小时的冷却,对荷花切花进行预冷的技术措施。冷库预冷应保证足够的湿度,同时应注意用薄膜包裹花蕾,防

止其失水。

（4）**强迫通风预冷** 使冷空气迅速流经切花周围使之冷却的技术措施。风冷可以在低温贮藏库内进行。荷花是含水量较高的切花,通风时应掌握强度和风速,冷风不要直接对着花吹。最好用塑料帐覆盖荷花切花,通过降低周围的温度来达到降低荷花切花的体温。

（5）**井水预冷** 夏天可采用井水使切花体温迅速降低,达到预冷目的。井水冷却降温速度快,成本低,但要防止冷却水对切花的污染。因此,生产上经常在冷却水中加入一些防腐剂或杀菌剂,减少病原微生物的感染。

3. 贮藏

荷花切花含水量高,贮藏多采用湿藏。一般用塑料薄膜密封贮藏,主要有塑料薄膜袋贮藏和塑料薄膜帐贮藏两种方式。在冷藏条件下,其贮藏荷花切花的效果,比常规冷藏要好。

（1）**塑料薄膜袋贮藏** 在湿藏的荷花切花水桶上面罩上塑料薄膜袋,然后用包扎绳沿桶沿扎紧袋口。每桶构成一个密封的贮藏单位。一般用 PE 和 PVC 薄膜制袋,薄膜厚度为 0.04~0.07 mm。切花数量较少时,可选用装化肥的内膜袋或大一点的垃圾袋替代。

（2）**塑料薄膜帐贮藏** 在冷库中,用塑料薄膜帐将排列整齐的荷花切花水桶封闭起来进行贮藏。薄膜大帐一般选用 0.1~0.2 mm 厚的高压聚氯乙烯薄膜,黏合成长方形的帐子。可根据切花的数量和冷库的大小来制作大小适宜的帐子。荷花切花数量较少时,可以用洗澡用塑料帐替代。

无论采用塑料薄膜袋或塑料薄膜帐贮藏,都必须在覆盖薄膜前充分冷却,除去田间热。否则,塑料薄膜内空气湿度高且外界温度低,水滴就会凝结在塑料薄膜内壁出现凝结现象。凝结会使荷花切花的花蕾处于水浸状态,经过一段时间后,就会出现花瓣发黑腐烂的现象。另外,还要注意湿藏荷花切花所用的浸水要卫生干净,最好勿用自来水,而用蒸馏水或去离子水。

六、荷花的
插花艺术

6

插花艺术也称为花艺，是以植物的花、枝、叶和果实为主要素材，通过艺术构思和巧妙裁剪、整形加工，并插入盛水的容器中来表现其自然美和装饰美的一种造型艺术。插花艺术是一首无声的歌，一幅有生命的画。其表现方式颇为雅致，令人爱不释手。插花同时也是一门雅俗共赏的艺术，既可以具有很高的艺术性和深远的意境，也可以点缀于寻常百姓家。插花艺术是中华民族文化遗产的重要组成部分，也是劳动人民在长期的生产实践中智慧的结晶。

荷花娇艳或高雅的花朵，碧绿的荷叶，充满禅意的莲蓬，赋有线条感的叶柄，均为良好的花材。配置精美的花器，创造出美的造型、美的意境、美的色彩，清新脱俗，耐人寻味。

（一）荷花插花的历史

中国荷花插花究竟始于何时，尚无确切的记载。屈原（约公元前340至公元前278年）在《离骚》中写道："制芰荷以为衣兮，集芙蓉以为裳。"意思是裁剪荷叶制成上衣，拼合荷花的花瓣做下裳。这究竟是诗人的浪漫，还是确有其事，现在已无法推断，但也说明那时已有人想到用荷花、荷叶做衣服，那也有可能会有人想到剪切荷花、荷叶作瓶插。1 500年前的南北朝时期，佛教在我国盛行。在《南史·齐武帝诸子传》中，对萧齐武帝的第七子、晋安王子懋传有这样的记载："母阮淑媛尝病危笃，请僧行道。有献莲花供佛者，众僧以铜罂盛水渍其茎，欲花不萎。"这可能是我国荷花插花艺术最早的记载之一。这充分说明荷花是用于瓶插花材的最早的植物之一，这也是"借花献佛"一词的由来。

隋唐时期，荷花插花的艺术风格及特点发生了变化。王莲英等人在《中国传统插花艺术》一书中，谈隋唐时期插花艺术发展史道：这期间插花有了很大的发展，从佛前供花扩展到宫廷和民间，佛前供花有瓶供和盘花两种形式，花材仍以荷花和牡丹为主，插花构图方式简洁，色彩素雅，注重庄重和对称的错落造型。从榆林窟唐代壁画《吉祥天女像》（图6-1-1）中可以看出，花材则以莲花为代表，盛行于佛寺清斋之中。用于奉佛每瓶花材仅限一种，尤其是莲花，枝叶不多，常

图6-1-1　吉祥天女像

见以简洁明快的三支枝干为主要架构,作向上发展,以花为主。因此,最长的一枝为花,其余两枝为叶。唐代画家吴道玄(686—760)是一位多才多艺的画家,世称"画圣"。唐时大兴佛教,各地兴建寺院。他以巨大的热忱创作了许多有关佛教内容的绘画,如《天王送子图》(图 6-1-2),又名《释迦降生图》,是其中最具代表性的一幅,画面中就有女史手托荷花插花的图案。

图 6-1-2 天王送子图

到了宋代,荷花插花进一步的发展。宋代大诗人苏东坡(1037—1101),在《格物粗谈》中记有:"荷花乱发缠折处,泥封其窍,先入瓶底,后灌水,不令入窍,则多存数日。"南宋杨万里(1127—1206)曾写有《瓶中红白二莲(其一)》:"红白莲花共玉瓶,红莲韵绝白莲清,空斋不是无秋暑,暑被花销断不生。拣得新开便折将,忽然到晚敛花房。只愁花敛香还减,来早重开别是香。"宋代《佛国禅师文殊指南图赞》(图 6-1-3)中佛案清供也是荷花图案。

《福寿双全 平安连年》(图 6-1-4)为元代画师所作,画面莲谐音年,瓶谐音平,竹寓意平安,灵芝、佛手寓意多福多寿。画意呈现祈求平安连年、福寿双全的寄意。反映了元代文人避世,讲求个性,不求媚世的思想与心态。作品主体瓶花之间的比例约为 5:8,近黄金分割比例,全体分为三大部分:花瓶大而质重,瓷瓶上丝帕系缠与上部花枝呼应形成平衡;竹子居比例之正中,枝叶繁茂,塞满瓶口;竹枝上莲花、莲叶拔地而起,自下而上,莲叶呈现小叶低置,中叶侧仰,大叶直立上展,荷叶

图 6-1-3 佛国禅师文殊指南图赞

图 6-1-4 福寿双全 平安连年

间花苞侧向,大花大半隐于中叶之后,小花昂然高耸,亭立于叶丛之上。叶与叶之间,花与花之间呈现不等边三角形排列,同时花叶间构成空灵奇特,由花梗组成的广阔空间。花叶安排颇见新意,表现空灵之美,尤其画中将一片莲花花瓣掉落于莲叶之上,以示事态多变和作者处境凄寒。右旁灵芝、佛手等配件紧靠陶瓶,整体高雅有力,奇逸有趣。整个作品构成复杂,高低前后层次丰富,线条活泼,瓶口丰满,瓶身装饰典雅,运用花材表达作者独特而复杂的感性世界。

明代著名画家沈周(1427—1509)画有《瓶荷图》(图6-1-5)。在沈周之后,明代另一位画家陈淳(1483—1544),字道复,也有画作《瓶莲图》(图6-1-6)。明万历二十八年(1600)袁宏道的插花专著《瓶史》问世,在荷花花材选取上"秋为木樨,为莲,为菊",在论花材的搭配,"莲花以石矾、玉簪为婢",对于荷花插花品种,认为"莲花,碧台锦边为上"。明代另一位画家陈洪绶(1598—1652)的《清供图》(图6-1-7)中有重瓣荷花切花品种,在其另一画作《树下鸣琴图》中,表现出一位文人雅士闻着荷花的香气,面对荷花专心致志地抚琴,乐音与荷花弥漫的清香交融,心香一瓣,神游远方。

图6-1-5 瓶荷图　　　　　图6-1-6 瓶莲图　　　　　图6-1-7 清供图

蒋延锡(1669—1732)是清代重要的宫廷画家,对插花艺术深有研究,作有《赐莲图》(图6-1-8)和《敖汉千叶莲》(图6-1-9)等瓶插荷花作品。《敖汉千叶莲》中有千瓣莲的瓶插画面,几乎同一时期,清康熙五十四年(1715)来中国传教的意大利人郎世宁(1688—1766)在《聚

瑞图》(图 6-1-10)和《池莲双瑞图》(图 6-1-11)中,
将象征祥瑞的千瓣莲和并蒂莲插花入画,美轮美奂。他
的另一幅画作《弘历观荷抚琴图》(图 6-1-12),在亭中
几案上也为瓶插荷花。清康熙、雍正时期,另一位画家
陈枚(生卒不详),作有《月曼清游图》,此图册 12 幅,在
此图册之四《游湖赏荷》(图 6-1-13)中,就有瓶插的重
瓣荷花。

图 6-1-10 聚瑞图

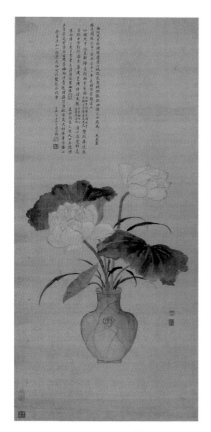

图 6-1-8 赐莲图

图 6-1-9 敖汉千叶莲

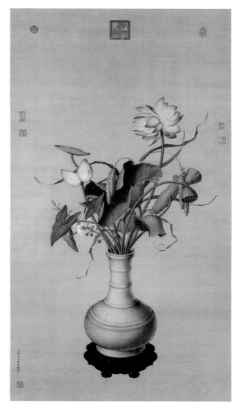

图 6-1-11 池莲双瑞图

图 6-1-12 弘历观荷抚琴图

图 6-1-13　游湖赏荷

图 6-1-14　和平万年

当代画家齐白石（1864—1957）的《和平万年》（图 6-1-14），选自他家乡湖南湘潭的荷花插花入画，寓意深刻。

1989 年 7 月 1 日中国花卉协会荷花分会成立。荷花分会成立至今 30 多年来先后在全国各地举办了 36 届全国荷花展览，在杭州荷花展览、深圳荷花展览和广西贵港荷花展览上，都展示了荷花插花艺术，推动了荷花插花艺术的发展（图 6-1-15）。

图 6-1-15　全国荷花展览上的荷花插花作品

（二）插花使用的器皿和用具

1. 中国传统插花的六大器皿

插花既不是单纯的各种花材的组合,也不是简单的造型,而是要求以形传神,形神兼备,以情动人,融生活、知识、艺术为一体的一种艺术创作活动。现代艺术插花不强求花材的种类和数量的搭配,但十分强调每种花材的色调、姿态和神韵之美。即使用一种花材构图,也可以达到较好的效果。不同的构图以及与不同花材花器的组合,达到的效果则是完全不同的。而其中花器是插花的主要依托和装饰。

中国式插花常用的六大花器为瓶、盘、缸、碗、筒、篮(图6-2-1)。

a. 瓶　　　b. 盘　　　c. 缸

d. 碗　　　e. 筒　　　f. 篮

图6-2-1　常用花器

使用容器的目的:一是用来盛水,保养花材(鲜花插花)和支撑花材;二是用以烘托和陪衬造型,这在东方式插花中尤为重要。容器成为立意构图中的重要组成部分,对烘托主题、强化意境都有举足轻重的作用,所以容器的选择和使用对作品影响甚大。

（1）瓶花（图6-2-2）　是中国传统插花中的一种重要表现形式,最能体现东方式插花的风格。瓶在我国有平安吉祥之意。瓶花起源于1 500年前的南齐,大盛于明代。瓶花多具崇高感与庄严性,善于表现花材的线条美,尤以表现木本花材的各种线条与姿韵,具高雅、飘逸之风格。瓶花的应用范围很广,可摆放于厅堂、茶室、书斋展厅等。瓶花对操作技巧很讲究。首先要选择适当的瓶器,《瓶花谱》中提到:"冬春宜用铜瓶,夏秋宜用瓷瓶,书室宜用小瓶。"其次要选择合适的花材,以花性高雅、姿态优美、富有画意的线状花材(木本花材)为主。然后作"撒"将花枝固定在花瓶中,按"起把宜紧""瓶口宜清"的原则,处理好瓶口的花脚与枝叶,使花脚尽量聚集,犹如从瓶中生出一般。最后配以相宜的几架或垫板,相互衬托,形成一个完美的整体。

图 6-2-2　瓶花

（2）盘花（图 6-2-3）　源于 2 000 年前的汉代,用陶盆象征池塘或湖泊的观念,六朝时与佛教供花相结合,成为插花重要的器皿。盘的形状以圆、椭圆为主,代表圆满、团圆的涵义。传统插花将花枝在容器上的立足点称为"地道",在空间的伸展方向称为"天道",插花即是"天道"与"地道"的相互结合。因此,此花器尤其适合操作写景式盘花,以表现大自然花草树木的自然生态习性与风韵,舒展的枝叶、聚集而自然利落的花脚及风情雨露,达到精妙入神的境界。

（3）篮花（图 6-2-4）　俗称花篮,使用各种篮子作为花器插花,自古至今都被广泛应用。传统篮花不仅花篮式样丰富,制作精巧、纹饰华丽,且花枝造型自由多变,与篮子融为一体。操作时强调篮把与篮沿在构图中的运用,充分显现篮把的框景作用和篮沿流畅的弧线之美。巧妙运用虚与实、露与藏的对比关系处理花与器的结合。宋代篮花华丽多姿,花材多,花朵硕壮丰满;元代则具文人气息,风格朴实、清雅、潇洒俊逸。

图 6-2-3　盘花

图 6-2-4　篮花

（4）**缸花**（图6-2-5） 起源于唐代,盛于明清。唐代罗虬《花九锡》记载:玉缸存水,充当插花牡丹的花器。由于缸形多矮壮、稳重,适合配置硕大、鲜艳的花材,如牡丹、芍药、荷花、菊花、山茶等,以表现豪华、端庄、隆重之华美。插花时留出1/3内壁及水面空间,以避免整体的繁杂臃肿感。缸花适用于宫殿、大堂等场合。

（5）**筒花**（图6-2-6） 源于五代而盛于北宋、金,又称隔筒。《清异录》载:"李后主每逢春盛时,梁栋窗壁,柱拱阶砌,并作隔筒,密插杂花,榜曰:锦洞天。"传统筒花构图不拘形式,各类枝条优美、花色淡雅的名花、名草,均可搭配使用,充分展现花材优雅的自然风姿。

图6-2-5　缸花

图6-2-6　筒花

（6）碗花（图6-2-7） 源于10世纪的前蜀而盛于宋、明两代。其特点为口宽底尖，操作以花插固定花枝，直接由中心点出枝，花脚紧密成把，整体高洁端庄，轻巧利落，多在寺庙插花中用，置于禅房或佛像前，极富宗教色彩。

图6-2-7 碗花

2. 插花的工具

普通的插花一般需要配备小刀、剪刀、枝剪、金属丝、玻璃胶、贴布、喷水壶、牛皮筋、花插座、插花泥、瓶口插架等（图6-2-8）。花插座也称剑山，用金属铸成，形态各异，向上一面有按顺序排列的插针，其形状很像拉丝梳，使用时将莲花的花枝或叶梗下端剪成斜面，直接插在插针上。插花泥为海绵状塑料制品，疏松多孔，不易变形，且能保存大量水分，插花前可把它置于适宜的容器中。插架是用竹条或木条做成的十字形或井字形的架子，将其置入瓶

图6-2-8 插花工具

口内以防花枝歪斜。此外,也可就地取材,用泥块、砂袋、米袋等作为固定物。小刀、剪刀,现在已经出现了专门用于插花的品种。如果没有这些东西的话,也应挑选便于携带又能承受一定硬度的刀剪。制作大型的插花,还应增加一些工具,如小锤、锯子、钉子、手电钻等。荷花插花还应准备荷花专用注水器。

3. 几座与配件

东方式插花除了具备好花材、好器皿外,还需要有良好的几座和摆件,才能取得更好的效果。传统的几座是用红木、紫檀木、枣木、楠木、黄杨木,或天然树根等材料制成,一般有圆形、长方形、方形、椭圆形、鼓形、多边形和书卷形等,且大小及形状均要与花器互相匹配。几座、花架及垫座都是垫架花器的器具,主要起均衡作用,以增加作品的艺术感染力。

传统的插花配件,主要是以琴、棋、书、画、笔、砚、香和一些具有谐音的物件为主;还有表现荷花野外生长环境的水禽、鱼、青蛙等动物造型的摆件,以增加作品的生动性。

是否选用几座、配件以及背景,是根据插花立意、构图的需要而定,选用何种形式的几座、配件以及背景也要根据插花作品立意、构图的需要而定。大小、色彩要与作品协调统一(图6-2-9)。

图6-2-9　几座与配件

（三）插花的分类

1.按地区民族风格分类

插花艺术的表现在很大程度上受到地区民族习惯以及历史背景的影响。东、西方的插花各具特色,形成了世界上风格迥异的两大插花流派,即东方式插花(图6-3-1)和西方式插花(图6-3-2)。

东方式插花分为中式插花和日式插花。中国插花吸收了中国绘画园林等传统艺术的精华,崇尚自然形态。人们在欣赏时,不仅能看到景,而且能通过赏景激发出审美体验,迸发出美好的愿望和理想,产生丰富的联想,领略景外之情意,达到景有尽而意无穷的境地。日本插花又称"花道",日本的花道起源于中国,这可从日本插花艺术的发源地池坊及池坊插花的诞生得到证明。日本的圣德太子在飞鸟时代(公元6世纪至7世纪初),曾派小野妹子等到中国,与隋朝建立邦交。他们返回日本时,不仅带回了佛经,也把佛堂的插花艺术带回了日本,这就是池坊花道的起源。目前,日本花道的主要流派有草月流、小原流、池坊花道和日新派等。

东方式插花表现为线条美、自然美和意境美。通过线条来表现插花形式,讲究线条的变化,与西方式插花用团块来表现的形式有着明显的区别。线条的直、斜、横、卧都有一定的取势,即表现自然的风姿神采。造型要求高低错落、疏密有致、虚实结合、俯仰呼应、上轻下重、上散下聚。忌讳牵强附会,矫揉造作的形式。讲究情、理、形、神、韵的和谐统一的意境,常表现为构图精练、简洁。

图 6-3-1　东方式插花

图 6-3-2　西方式插花

　　西方式插花，多强调装饰美、色彩美和造型美。西方插花艺术构图的原则为平衡、统一、比例相宜，韵律和谐；讲究花形、质地、色彩，叶与叶、花与花、花与叶之间层次分明，排列有序之间。在色彩上力求浓重艳丽、气氛热烈，常用大堆头的块面式插花来营造图案，用花量大，呈现五彩缤纷，雍容华贵。

　　随着东西方文化的互相交流，插花艺术已经不再局限于某个单一形式，东方插花和西方插花之间各有借鉴，各有创新。

2. 按时代特征分类

　　按其发展的不同时期，又将插花艺术分为传统插花（图 6-3-3）和现代插花（图 6-3-4）两种风格。传统插花是以中国古代插花艺术为范本，遵循古代插花艺术的理论，花器上也多以瓶、盘、缸、碗、筒、篮为主。而现代插花就不要求严格遵照插花艺术的理论基本原则去进行创作，也不只是单纯的表现自然界的和谐美，更多的是通过插花作品来表达个人的观点和心境。

图 6-3-3 传统插花

图 6-3-4 现代插花

3. 按艺术表现手法分类

（1）**自然式插花** 主要指中国和日本传统插花,其中又分为艺术插花、小品插花、写景式插花、写意式插花、趣味插花。写景式插花（图6-3-5）是用模拟的手法来表现自然界真山真水状态,是一种特殊的艺术插花的创作形式,又称为盆景式插花。写景式插花要求作品具有景物的真实性,形象性和具体性,插成的花除了有意让其自然舒展还可以适当地配置一些小摆件,使得插花作品更有深意。写意式插花（图6-3-6）是借用花材属性和象征意义,勾勒出特定意境的艺术插花创作形式,选材时可利用植物的名称、色彩、形态及其象征寓意与创作主题相关联。如用百合和荷花作为插花素材用于婚礼布置,起名"百年好合"祝福新人。写意式插花偏重"意",插花中对景的表现,必须通过作品内含蓄的意境来表达,两者之间又是相互渗透,互相转化的。

图 6-3-5 写景式插花

图 6-3-6 写意式插花

（2）**规则式的插花** 主要指欧美地区传统插花,其中又分为艺术插花、礼仪插花等。

（3）**自由式插花** 又称抽象式插花（图6-3-7）。其突破了任何传统规范,充分发挥制作者的想象力和创造力,不受任何形式束缚,只求符合美学原则就行。

抽象式插花可分为理性抽象式插花和感性抽象式插花。理性抽象式插花强调理性,不重表达情感,纯装饰性插花。用抽象的数学和几何方法进行构图设计,以人工美取胜,具有一种对称、均衡的图案美,注重量感、质感和色彩。感性抽象式插花不受常规定律约束,无固定形式,可任由作者灵感发挥来创作,随意性强,变异性较大。

抽象式插花是运用夸张和虚拟的手法来表现客观事物的一种插花创作形式,可以拟人也可以拟物。选材时注重材料的个体形象与主题的关联,根据作者的想象,达到抽象意念创作的目的。

4. 按装饰用途分类

（1）**生活插花** 一般在家庭或个人日常生活中使用,此类插花较为随意,技术上的要求不严,个人可以根据自己的喜好,随意发挥（图6-3-8）。容器也可以就地取材。

（2）**艺术插花** 用于展览或环境装饰,供人们作为艺术欣赏的插花（图6-3-9）。此类插花的艺术水准要求较高,形式多样,并不断创新。好的花艺师,对美学、色彩学、绘画、文学均有一定的

图 6-3-7 自由式插花

图 6-3-8 生活插花

图 6-3-9 艺术插花

修养积淀。

（3）**商业插花** 即将插花作品作为商品售卖（图6-3-10）。此类插花通常以花礼制作为主，也有包含花艺空间布置。为了使商品规格统一，此类插花的形式通常较为固定。

图6-3-10 商业插花

（4）**礼仪插花** 用于国事、外事、商务、会议等活动，以及民间的社交、礼仪及习俗专用的插花（图6-3-11）。此类插花，适用于什么场合，应用什么形式，均有一定的格式和规范要求。

图6-3-11 礼仪插花

礼仪用花又分为摆设花和服饰花两大类。摆设花指用来摆放在所要装饰的环境或场所中的插花饰品。其中包括用于美化装饰公共场所或家庭居室的小型摆设花,用于典礼、节庆、集会等各种场所营造气氛的大型摆设花,以及命题性摆花等,应用十分广泛,深受人们的喜爱。服饰花是用来装饰礼服等人体仪表的花卉饰品。常见的有胸花、肩花、头花、捧花、花环、帽饰等,通常在人体花艺秀、婚礼、毕业典礼、葬礼、集会活动以及大型会议等特殊场合使用。

5. 按插花花材的性质分类

根据花材的性质,插花作品分为鲜花插花、干燥花插花、人造花(仿生花)插花三种类型。干燥花是将植物材料,经过脱水、保色和定型处理而制成的具有持久观赏性的植物制品。所谓人造花就是以鲜花作为蓝本而仿制的花卉制品,根据材料不同,分为绢花、纸花、涤纶花、革质花、塑料花、水晶花、丝花等。因以自然界存在的花卉加以仿照,故又称仿生花或仿真花(图 6-3-12)。

图 6-3-12 仿生花

6. 按插花作品体量分类

根据插花作品体量大小,一般可分为微型、小型、中型及大型插花。除大型插花外,其他体量插花可以有以上所述形式的插花造型。插花作品体量大小,主要取决于其陈设环境大小、位置等,一般以中小型插花见多。大型插花一般属艺术插花或装饰插花范畴。按布置环境不同分为室内大型插花和室外大型插花两种。室内插花大型长 1.0~1.5 m,中型长 40~80 cm,小型长 20~30 cm。室外插花大型长 1~3 cm 甚至更大,大型插花由于体量大,综合性强,可根据不同创作主题更完美的表达所希望的思想、内涵和意境,题材广泛,形式新颖,造型丰富,气势宏大。

(四)荷花插花的立意与构图

1. 荷花插花的立意

插花是有生命的艺术。中国式的插花吸收了中国绘画的精髓,讲究诗情画意,是富有诗意的

画,也是画一般的诗。插花艺术特别追求意境的完美,以达到借景抒情、情景交融的艺术效果,因此插花的构图实际上就是一种艺术的创作。各种各样的插花作品,就是通过作者的构思立意、艺术构图、精心创作而成的有意境、有生命的视觉艺术形象。

插花艺术与写作、绘画创作、盆景创作一样,要立意。"立"就是"确立""确定","意"就是"意图"。立意在进行艺术创作之前,先要确定意图。如插花之前"先有意图后动手"。立意是指花艺作品创作的意图、动机和目的。意境是指花艺作品所表现的图像和思想感情相融合而形成的一种艺术境界。

插花要求立意要"真""深""洁""新"。真,内容真实,感情真挚,自然而不做作。深,内容有深意,意境要深远,使人看了能受感染,引起观赏者的共鸣。洁,简洁、明朗、不烦琐。新,新颖、多样、不落俗套。

插花创作的立意,就是要事先考虑作品的主题,这种构思立意,对于插花者来说,虽然是一个艰苦的神工意匠式的经营过程,但没有构思,缺乏意境,便没有真正的插花艺术创作。"意在笔先",凝神结想,创造性的构思是产生独创性作品的不可缺少的前提。

插花艺术作品一般从以下几个方面进行立意:

(1)根据植物品性立意 如以梅之傲雪凌霜,兰之淡雅自如,竹之高风亮节,菊之不畏风霜作为"四君子"创作,表达坚贞不屈的高风亮节。亭亭玉立的荷花,被认为是出淤泥而不染,莲谐音"廉",在廉政文化教育中常以青莲来表达"清廉"(图6-4-1)。

图6-4-1 清廉

（2）**根据植物形状的立意** 马蹄莲洁白沉静，飘逸如云，形似嫦娥奔月，棕榈叶形似孔雀开屏，水烛、红鹤芋形似蜡烛等。想要插好花，应用这些材料以形立意。

（3）**根据作品造型立意** 主干飘舞，往往表现风、舞姿、归等题材；主干直立，表现向上、奋发、挺拔；放射性枝条，表现光、扩散等。下垂枝条往往表现遥望、飘。通过作品造型抒发作者特定的思想情怀，或寓意深邃的人生哲理。

（4）**根据插花器皿、摆件立意** 在插花创作中，应用随手可得的各种器皿，赋予主题，从内容到形式，以求达到高度的统一。

（5）**根据用途来选择立意** 是节日喜庆用，还是作为一般装饰用，是送礼还是自用等，根据用途确定插花的格调是华丽还是素雅。如果是喜庆与祝贺的，应以热烈欢乐为主题，以鲜艳的花材、明快的构图来渲染喜庆的气氛。而在悲伤与哀悼的场合，则应以哀伤肃穆为主题，选用白色系列的花材为主，再配合蓝色或紫色等较低沉的花朵，有时还可加上一些黄菊花。

作品的立意与作者的文化素养、艺术功底有密切关系，所以要常读点古诗，会巧妙地应用成语、典故，即所谓"功夫在诗外"。

2. 荷花插花的构图
（1）**层次的配置**

以少胜多，繁中求简 "触目纵横千万朵，赏心只有二三枝"，说明插花艺术不在于花的繁多，而在插花的技巧上。通常用象征性的"天、地、人"一主二副三个花枝构成。

以小见大，个中求全 为了达到以小见大、见微知著的目的，应注意插花的比例均衡、和谐和富有韵律。

虚实相生，露中有藏 一般以花为实，叶、枝等为虚，过实则窒息气闷，过虚则空旷无景，要适当留有空间，给人以丰富的联想。

高低错落，疏密有致 花枝与叶枝等要高低错落，该疏的要疏，该密的要密，使具有动感，切忌等高呆板。

直中求曲，曲中求变 "直"有挺拔向上、刚健不屈的力感，具阳刚之气；"曲"有婉转起伏、富节奏性的柔美感，在"曲"中可求得变幻。插花时应有直有曲，做到刚柔相济。

上轻下重，上散下聚 应使花蕾在上，盛花在下；浅色在上，深色在下。基部花枝聚集，上部松散。

（2）**色彩的配置** 色彩在插花艺术中有着十分重要的位置。插花作品不仅要形好，而且要色美，用色彩缤纷来装扮我们的生活。色彩分为冷色和暖色。通常把红、橙、黄等颜色称为暖色，把蓝、绿、紫等颜色称为冷色。

类似色搭配 即把两种近似的颜色，如红与橙、橙与黄、青与绿等搭配。类似色的特点是单纯、和谐、高雅。运用类似色处理插花色彩，可先采用两个色距较近的淡色做陪衬，然后再以两个色距较远、色度较高的色彩为主题，构成重点。

对比色搭配　即色盘上位置相反的两种颜色,如红与绿搭配。对比色可以增加鲜明度,达到明快、夺目、活泼、热烈的效果。用红色的莲花配以绿叶,可以产生"万绿丛中一点红"的效果,人们常说"红花还需绿叶扶持",就是指的这种美感。但是,对比色的选择必须谨慎,各种颜色的比例要适当,并且其中一种颜色应占优势。

插花中运用色彩应注意感情表现,如红色热烈,白色纯洁、淡雅,绿色安静。

插花的色彩配置还应考虑到陈设场所,充分利用色彩来达到理想的意境。比如用以装饰客厅,应托出热烈气氛;用于布置书房则必须小巧别致,以创造清雅宁静的环境。

(五)荷花花材用料和处理

在插花艺术中,根据构思造型选择理想的素材固然重要,但更重要的是,对其进行修剪、加工处理和固定,这是插花制作中的基本功夫。

1. 花材的选择与处理

荷花切花除采用花期控制外,自然花期多为6—8月。生产上可在热带地区如海南三亚或者云南西双版纳等地,用热带荷花或含有热带型荷花基因的荷花切花品种,进行反季节生产。荷花系水生植物,含水量较高。荷花切花不宜远距离运输,应尽可能就近生产销售。

在清明节以后,可以选择初生的荷花箭叶(卷叶),创作具有"小荷才露尖尖角,早有蜻蜓立上头"意境的插花作品。5月下旬至8月下旬,荷花次第开放,箭叶、立叶、花朵共生,可以此创作出"接天莲叶无穷碧,映日荷花别样红"的意境。这个阶段是荷花切花生产与应用的高峰期,无论箭叶、浮叶、立叶、伴生叶、花蕾、初放的花、莲蓬等均可作为花材使用。

花材的剪切选择一天中气温较低的早上或者傍晚进行,剪切后立即插入水中,然后预冷散热,将花枝基部剪成平口,用荷花切花专用注水器注满水。此时的荷花插花花材,不能直接应用于插花造型,必须对花材进行必要的整理选择,决定枝叶的长短、疏密、形态、去留等,这是整个插花创作过程中的基础。自然的花材若不加整理,直接用于插花,往往由于其高矮、大小分布不合理,而不能充分表现出自身特有的美感。

花材处理方法

·**剔花**　剔除枯花(叶)、烂花(叶),剪除受伤、病态的花(叶)。

·**注水**　保证荷花切花花梗、叶柄中空,并给中空的花材用荷花切花专用注水器注满水,这一点特别重要。

·**茎秆处理**　将注满水的茎秆切口剪成45度斜面,便于充分吸水。根据构图和环境的需要,以及器皿的大小来裁剪枝条的长短。

·**清洁**　保持花瓣、花梗、叶表面、叶柄的整洁。

·**护理**　插完后及时用喷水壶喷水,提高空气湿度,增加鲜花的保鲜时间。荷花切花花梗中空、花瓣轻薄,应尽可能减少人为的触摸,以免手温、人力对荷花切花的损害。

总之,拿到花材后,应该从不同的角度对花材进行仔细的观察和研究,对每个花材所起的作用和效果应在心中打腹稿。根据构思,来整理各类花材。

2. 花材的加工

（1）**花材的弯曲**　所谓弯曲整形,就是按照作者的构思将花材弯曲到所需要的程度。不同类型的花材,根据材质的不同,粗、细、软、硬以及易弯程度不同,其最适合的方法也不同。如木本花材与草本花材的弯曲方法有着明显的区别,因此在进行弯曲之前,要对花材仔细观察,确定最适合的弯曲方法。

常用的弯曲方法

·**枝条弯曲法**　是最常见的弯曲方法之一,根据花材枝条的特点,可分为以下 5 个方法。

夹楔弯曲法,就是用小锯或剪刀,在树干上需要弯曲的部位锯成裂口,加入夹锲而使枝干弯曲的方法,对过粗、过硬及脆而易折的枝条,或用其他方法不易弯曲的枝条,可采用夹楔弯曲的方法。小木楔可从需要弯曲的花枝上截取,其厚度由花材需要的程度而定,弯曲的程度越大则木楔越厚。小楔的长度与锯口的深度相同,锯口深度一般为花枝粗度的 2/3。加工好的小木楔的外形应是等边三角形,纵向看呈“V”形,侧面看是半圆形。

握曲法,适用于枝条较细、较软的花材。用两手横向握着花材需要弯曲的部位,并慢慢向外侧用力压曲,达到需要弯曲的程度即可。

切曲法,当花材枝条较粗不易弯曲时,则需要在枝条所要弯曲方向的外层用剪刀剪一至数个浅口,然后使剪口向上水平握在手中,使两拇指按压住切口的反侧,慢慢加力即可弯曲。加力的过程中不可以用力过猛,以免折断。

热曲法,易于折断的花枝宜采用此法,一般多用蜡烛或者酒精灯加热枝条需要弯曲的部位,加热后只需稍用力即可弯曲。弯曲后立即浸入冷水中,以固定形态。采用此方法时,应预先用湿纸将花与叶包裹起来,以免受火熏影响。

扭曲法,就是边扭转枝条边弯曲。扭曲枝条主要是扭伤枝条的组织纤维,要尽量避免扭伤枝条的表皮。

·**铁丝穿茎法**　对一些茎秆中空的花材,尤其是一些草本花材,常采用此方法。如荷花、荷叶、水葱、唐菖蒲、非洲菊等不易弯曲的花材,可用金属丝穿入茎秆中,然后在需要弯曲的部

位慢慢弯曲,即可形成所需要的角度。

· **金属丝校形法** 对茎较细软或者蔓生花材,为了增加其挺拔,常借用金属丝造型。用细金属丝从花枝的基部向先端缠绕,便可让花枝挺拔,也可随意造型。

（2）**叶片的弯曲造型** 柔软的叶片可夹在指缝间轻轻抽动,反复数次即可形成理想的形状。为使叶片呈现所需要的造型,可以打结、用订书机钉扎,或用金属丝、透明胶纸加以固定,过大的剪小,过厚的镂空等。此外,叶片也可以用金属丝辅助弯曲。

3. 花材的固定

插花时,根据构图的要求,使花枝按照一定的姿态和位置固定在花器中,称为花材固定。花材的固定方法与容器的形状有密切的关系。

（1）**剑山固定** 由于剑山只有一个方向可以固定花材,因此它不适用于球形、半球形等须向四面平展的构图的作品。用剑山插花前必须先向容器中加入水,水位要高于剑山的针座,以便花枝插上后能及时吸水。过硬或过粗的木本枝条必须斜剪切口,并于切口剪一字形或十字形裂口,以利枝条插入花针。花材过重时,可用2~3个剑山压合在一起,以增加稳定性。如用较纤细的草本花材进行插花时,可用细金属丝在花材基部成束,捆扎后再插入剑山上。如需单枝插入,则可将花枝基部插入一较粗的花枝内,再插入剑山上,但辅助茎段不可过长,也不能有明显的标志。

（2）**阔口容器及花篮用花泥固定花材** 浸泡花泥要用清洁的水,应将其放入水面上,自然浸透;如插入的花枝较重,可先将花泥插在一个大型剑山上,再插花材。枝条的基部要剪成斜口,插入花泥的深度一般应在1.5~2.0 cm之间。如使用花篮等漏水或易腐的容器,可用塑料薄膜将花泥包住,插花时用锐器将薄膜扎眼,再把花枝插入。插大型花篮时,可在花枝外面加一层金属网帮助固定;如要重复使用花泥,可将其上遗留的枝叶清理干净,用清水冲一冲,无须晾干（晾干后再泡就不容易泡透了）,立即用塑料薄膜包起来收藏。

（3）**高身花器瓶口固定** 主要用于东方艺术插花,需要利用花枝本身与瓶壁的支撑关系以及在瓶口做辅助支点的方法来固定花材,难度较大。

（六）荷花插花操作程序及作品命名

1. 操作程序

荷花插花的操作通常用主要花枝构成骨架,用次要花枝构成轮廓,用散状花和叶材取得锦上添花的效果,花色艳丽的花可重点安排。花艺创作结束后要对操作台面和周围环境进行清扫整理,适当向插花作品上喷水来保鲜,并把它放置在合适的位置,使最佳观赏角度面对观众,整个插花作品才算完成。

荷花插花的操作

· **主花搭架子**　根据主题思想和花枝的自然姿态,顺势搭架构成主体。

· **次花构轮廓**　主花搭架后,以次花勾画轮廓,以构成圆形、半圆形和新月形等各种形态的插花。

· **散点花增色**　散点式花可把空缺部分补上,把不需要暴露的部分,如瓶口、固定材料等遮掩起来,使插花更加完美。

· **突出花色艳丽的花**　对姿色特别好的花枝,做特殊的安排,将其置于视觉焦点位置。

2. 作品命名

一件艺术品的命名,直接或间接关系到作品的艺术价值。成功的命名,能丰富作品的内涵,延伸作品的意境,丰富欣赏的画面,提高欣赏的价值,既能引起观赏者极大的兴趣又能使之产生强烈的艺术共鸣。有人说:"命名的最高境界是唤起观者内心最远的想象",命名是否确切,与作者良好的文化素养、艺术功底有着密切关系。

插花作品的命名

· **点睛命题法**　用简单几个字,恰到好处地揭示主题的命题方法。用白色荷花为基调,满目素雅可起名"洁"。

· **以自然风光题名**　春夏秋冬、风雪月夜、朝霞晚露。如"春之韵""行云流水"等。

· **以山水地域题名**　如"江南水乡""香山秋叶"。

· **名句命题法**　用脍炙人口的名诗名句命题,从而使插花作品更富诗情,引发观赏者的翩翩联想。如"十里荷塘""春江花月夜"。

· **以某思想情怀命名**　如"觉醒""神往"。

· **借题命题法**　借用其他艺术形式作品的题名来为插花作品命题。如词牌名《蝶恋花》、朱自清的散文《荷塘月色》等。

· **典故命题法**　在群众中广为流传的许多典故、成语,以及传说、谚语等,不妨用来给插花作品命题,自然可为观赏者喜闻乐道。如"八仙过海""天女散花"等等。

· **以造型的形象来命名**　如"起舞""百鸟朝凤"。

· **以花的寓意或花语命名**　如百合花的寓意是百年好合,梅花的寓意为傲骨、忠贞,荷花的寓意为高洁。

无论应用哪种方法命题,都应注意以下几点:不落俗套,忌故弄玄虚;不要牵强附会,忌平铺直叙。题名就是用简练、含蓄的寥寥数字,点出主题,深化主题,有高度的概括力,犹如画龙点睛,引人入胜,耐人寻味。

（七）荷花插花艺术作品

荷花插花艺术作品见图 6-7-1 至图 6-7-46。

图 6-7-1 《平安连年》
容器：瓶。
花材：荷花、再力花、喷泉草。
寓意：岁岁年年平安，好运连连。

图 6-7-2 《清廉》
容器：缸。
花材：荷花、芦苇、美人蕉、泽苔草。
寓意：虽气势恢宏，却清廉正直，始如初心。

图 6-7-3 《寄相思》

容器：双隔筒。

花材：荷花、海棠果枝、多头玫瑰等。

寓意：秋风吹尽猩红色，枝枝玛瑙串串珠。莲花有爱寄相思。

图 6-7-4 《风来香气远》

容器：篮。

花材：荷花、蒲苇、鸢尾、梭鱼草。

寓意：风中摇曳的蒲苇花自由，洒脱。阵阵荷香随风飘来，令人神往。

图 6-7-5 《清香远溢》

容器：碗。

花材：荷花、莲蓬、蒲苇花、鸢尾、芦苇等。

寓意：荷花花朵艳丽,清香远溢,碧叶翠盖,十分高雅。尽显"出淤泥而不染,濯清涟而不妖"
的高贵气节。

图 6-7-6 《江南采莲图》整体

组合写景插花。

花材：荷花、睡莲、柳枝、芦苇、泽苔草、绿毛球、石竹、枯木、瓦片等。

寓意：这是一副优美的江南画卷。"江南可采莲，莲叶何田田"是儿时挥之不去的记忆，那垂柳依依的湖畔，碧天莲叶的荷塘，阵阵蛙鸣此起

彼伏,划着小船儿在穿梭在莲叶间,嚼着香甜的莲子嬉戏打闹,船桨击起
的浪花惊得正在悄悄谈情的青蛙们"嗖"地一声钻入水底。

　　江南是一首诗,江南是一幅画,是我心中最美的梦!

荷花切花生产与应用

图 6-7-7 《江南采莲图》局部

图 6-7-8 《熏风萦幽入心湖》

容器：碗。

花材：荷花、稗草、梭鱼草。

寓意：清风徐徐送来阵阵荷花幽香，露珠轻轻滑落，滴在荷叶中，熏破了一场清梦。

图 6-7-9 《乱蝶误入香途》

容器:篮。

花材:荷花、再力花、稗草、莲蓬、泽苔草。

寓意:盛开的再力花如一群小蝴蝶飞进荷塘,荷香阵阵,引得蝴蝶失去归途,围着荷花丛舞个不停。

图 6-7-10 《秋风词》

写景插花。

花器：盘。

花材：荷花、蒲苇花、睡莲、再力花、梭鱼草。

寓意：入秋，满塘的荷叶依然青翠，凉爽的秋风扑面而来，夹着阵阵蒲苇香。

图 6-7-11 《红颜一笑醉倾城》

容器:瓶。

花材:荷花、海棠果枝、鸢尾叶。

寓意:你在渔船中点起烛火,回眸一笑,醉了那江南,也醉了那一抹月光的心扉。蓦然回首,那倾国倾城的笑靥,依旧在那古老的画卷中流传千古。

图 6-7-12 《说丰年》

容器:双隔筒。

花材:荷花、海棠果枝、泽苔草。

寓意:皎洁的月光从树枝掠过,清凉的晚风吹来仿佛听见了远处的蝉鸣声,荷池畔的蛙声阵阵,枝头垂挂的海棠果在风中摇动,如金色的小铃铛。

图 6-7-13 《误入藕花深处》

容器：盘。

花材：枯木、睡莲。

寓意：晚春时节，江南的沼泽湿地，睡莲早于荷花出水而开放。阳光盛好，花朵舒展。阴雨时节，睡莲半开。到了傍晚，则花头闭合。那半卧的睡莲仿佛喝了杯小酒，酣酣睡去的美人，醉卧莲叶间。

图 6-7-14 《采得一篮香满袖》

容器:篮。

花材:荷花、狗尾花。

寓意:踏着晨露,迎着朝阳,采几支香荷,轻风拂过,满袖清香。

图 6-7-15 《自在》

禅意插花。

容器：瓶。

花材：荷花、木灵芝。

寓意：一花一世界，春来花自清，秋至叶飘零，无穷般若心自在，语默静体自然。

杨路萍

图 6-7-16 《出水芙蓉》

容器:盘。

花材:荷花、美人蕉、莲蓬、泽苔草、睡莲。

寓意:那清雅脱俗的荷花,如出水芙蓉般冰清玉洁,在初夏的阳光照耀下,婀娜多姿,迎风起舞,一派生机的景象。

图 6-7-17 《南窗倚望》

写景插花。

花材:荷花、美人蕉、睡莲、泽苔草。

寓意:作品如来到一个美丽的环湖小岛,倚在南窗,透过亭阁眺望,看"接天莲叶无穷碧,映日荷别样红"。

图 6-7-18 《灼灼荷花瑞,亭亭出水中》

组合碗花。

花材:荷花、再力花、梭鱼草、鸢尾叶。

寓意:作品表现的是划着小舟拨开轻卷的碧波,艳丽的荷花亭亭净植在水中央,馥郁的香气如舞衣下的微风。

图6-7-19 《仙姑庆寿》

容器:篮。

花材:美人蕉、荷花、荷叶、莲蓬。

寓意:筑起南山献寿翁。作品稳重端庄,犹如何仙姑用荷花荷叶化作南山,手捧寿桃,为寿翁添福添寿。

图 6-7-20 《沚上芙蕖伴鸣歌》

写景插花。

容器：盘。

花材：睡莲、梭鱼草。

寓意：这是一副写景式插花作品，苏轼有词云："凤凰山下雨初晴，水风清，晚霞明。一朵芙蕖，开过尚盈盈。"荷香伴着蛙鸣，夏日傍晚的宁静扑面而来。

图 6-7-21 《翠叶映荷》

容器:筒。

花材:荷花、柳枝、泽苔草、再力花、鸢尾。

寓意:垂柳依依,亭台掩映,唯有绿荷红
菡萏,卷舒开合任天真。

图 6-7-22 《和风送得流年度》

容器:缸。

花材:荷花、莲蓬、鸢尾。

寓意:荷叶迎风摇曳,流年浅度静待花开,
闲情逸致莫过如此,物来人应人生何求。

图 6-7-23 《鸿福满堂》

容器：盘。

花材：重瓣荷花、睡莲等。

寓意：红红火火，紫气东来，鱼嬉莲花，意味着连年有余、富裕吉祥，适合在节庆时节放在餐桌中间。

图 6-7-24 《绿水新晴 秋日花色艳春朝》

容器：缸。

花材：荷花、蒲苇花、莲蓬、泽苔草。

寓意：作品选用天青色缸，描绘的是秋日荷塘，雨过天青云破处，这般颜色作将来。

图 6-7-25 《云起》

茶席插花。

花材：荷花、梭鱼草、鸢尾、泽苔草。

寓意：行到水穷处，坐看云起时。清新雅致又充满诗意的荷花小品，在茶席布置中起到画龙点睛的作用，在茶会上让品茶之人心情愉悦。

图 6-7-26 《宋·雅》

茶席插花。

花材：荷花、鸢尾。

寓意：茶席插花，配以点茶器具，清雅，简洁，显示宋代文人雅士的生活。

图 6-7-27 《镜花水月》

现代架构花艺。

花材：荷花、荷叶、莲蓬、百合、多头玫瑰、绿毛球、相思梅、高山羊齿叶等。

寓意：作品整体展现出空灵的意境，美轮美奂。正如胡应麟在《诗薮》中所写："譬则镜花水月；体格声调；水与镜也；兴象风神；月与花与。必水澄镜朗；然后花月宛然。"

图 6-7-28 《芳华怜清芬》

容器：碗。

花材：荷花、荷叶、莲蓬、雪柳、鸢尾。

寓意：明媚阳光下，红荷热烈绽放，仙姿挺拔、洒脱，芳华绝代，其散发的阵阵清香让人顿时生出无比的怜爱之心。

图 6-7-29 《玉笛吹烟笼红蕖》

容器：碗。

花材：荷花、莲蓬、荷叶、喷泉草、泽苔草。

寓意：千盏红蕖，轻烟作纱。谁人玉笛吹彻，含笑寄天涯。喷泉草就像轻烟缭绕，高高的莲蓬又像持笛而立仙袂飘飘的仙人。

图 6-7-30 《听荷》

容器:盘。

花材:荷花、喷泉草、鸢尾叶。

寓意:独坐窗前,一池清水中,雨荷含笑盛开,听! 蛙鸣起伏,水花飞落,烟雨朦胧。

图 6-7-31 《花娇欲语渌水幽》

容器:缸。

花材:荷花,荷叶,鸢尾叶。

寓意:清幽蓝天下,碧波绿水间,荷花盛开,好似玉立的素衣少女低声呢喃,娇态可鞠。

图 6-7-32 《袅袅》

禅意插花。

容器：碗。

花材：枯荷，鸢尾叶，泽苔草。

寓意：人生是一杯茶，缭绕着袅袅香气，品过才知浓淡。

图 6-7-33 《拈花一笑》

容器：单隔筒。

花材：荷花、荷叶、鸢尾。

寓意：绿叶如盖，姿态婀娜，亭亭而立，慢慢地浮出一点红色，渐渐绽放开来，鲜香随着赏荷人轻声欢笑飘摇传播而去。

图 6-7-34 《芳华虽已逝，岁月仍留香》

容器：篮。

花材：枯荷、海棠果枝、千叶荷花、莲蓬、石榴枝、蒲苇。

寓意：历经风雨孕芳菲，落尽繁华果实肥，人生亦是如此，岁月流逝，青春已过，留下的是一份丰盈的硕果。

图 6-7-35 《叶荷清秋》

容器：瓶。

花材：荷花、芦苇花、枯荷、石榴枝。

寓意：秋天到来，荷叶渐枯，沉甸甸的石榴果压弯了枝头，水波之上独放的一朵红色莲花，为即将寂寥的秋带来了新的希望。

图 6-7-36 《荷香销晚夏》

容器:筒。

花材:荷花、石榴枝、柽柳。

寓意:立秋已近,晚夏的暑热还是那么燥热,但树叶间秋声已动,荷花吐香,石榴殷红,一派丰收的景象。

图 6-7-37 《清莲》

写景插花。

容器:盘。

花材:睡莲、水葱、泽苔草、梭鱼草、柽柳。

寓意:当高楼遮挡了城市,当喧闹扰乱了心神,深藏在群山中的这一方充满灵性的水土,让人心生向往。

图 6-7-38 《荷荷美美迎国庆》

写景插花。

容器：盘。

花材：重瓣荷花、荷叶、莲蓬、睡莲、石榴枝、金鸡菊。

寓意：这是一幅写景式插花作品，枝头悬挂的石榴犹如初升的太阳，映日荷花别样红，作品采用层层叠叠的千层荷花表现出全国上下人民万众一心，举国同庆，表现国运昌隆的美好景象，也是对中国的未来的一种美好的祝愿。

一株遒劲的石榴枝，挺拔有力，表现的是中国人不屈不挠，迎难而上的精神。"荷"与"和""合"谐音，"莲"与"联""连"谐音，荷花可以成为和平、和谐、合作、团结等的象征。崇尚荷花，追求的正是人与人之间，人与社会之间的和谐相处，也体现了社会主义核心价值观。

图 6-7-39 《轮回》

禅意插花。

容器:鼎[*]。

花材:荷花、荷叶、枯木。

寓意:枯与荣,红与黑,内心的宁静、从容,才是人生最曼妙的风景。

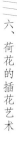

---

* 前文提到的"瓶、盘、缸、碗、筒、篮"六大容器是插花容器最基本的分类,但在实际应用中还有许多其他容器。

图 6-7-40 《半藏春波半掩心》

容器:缸。

花材:荷花、荷叶、莲蓬、雪柳枝。

寓意:湖边柳叶微拂,荷花要怒放了,轻嗅着淡淡的荷香,满腹心事欲语还休。

图 6-7-41 《逍遥叹》

容器:缸。

花材:荷花、香蒲叶、蓬飞草。

寓意:作品奔放洒脱,犹如金庸笔下的一位侠客恣傲江湖,纵横四海。

图 6-7-42 《凝望》

容器:盘。

花材:荷花、荷叶、睡莲、芦苇、泽苔草。

寓意:玉雪玲珑的绿衣红粉,默默伫立 远望,那一袭红衣的人儿蓦然回首,却道是"生生无限意,只在苦心中"。

图 6-7-43 《乡愁》

容器:碗。

花材:荷花、荷叶、鸢尾叶、泽苔草。

寓意:浩渺烟波中的一丛荷花,露出微红,高处红红的花苞摇曳生姿,似一盏明亮的油灯,映照那托腮思念故乡的人,荷花年年有,今岁又不同,花开花落日,游子何时归。

图 6-7-44 《花好月圆迎中秋》

容器：盘。

花材：荷花、香蒲、荷叶、水竹。

寓意：盛开的莲花合着中秋团圆夜，那高高的蒲棒如儿时燃起的蜡烛，烛光里满是家人的笑容与欢声笑语。

图 6-7-45 《绿衣粉黛荷满香》

写景插花。

容器：盘。

花材：枯枝、芦苇、荷花、荷叶、睡莲。

寓意：作品犹如诗意画境水墨流淌，芙蓉争艳的荷花宛若一群翩翩少女，或婀娜多姿，或娇媚含羞，长袖曼舞在水中央。

图 6-7-46 《秋水盈盈》

容器：碗。

花材：荷花、荷叶、梭鱼草、鸢尾叶。

寓意："望穿他盈盈秋水，蹙损他淡淡春山。"作品轻盈灵动，主花犹如点睛之笔，把整体衬托得如小女子水汪汪明亮而传神的眼睛。

七、荷花切花
品种介绍

（一）传统荷花切花品种

1. '红台莲'（图 7-1-1）

传统荷花品种，出自武汉东湖风景区。

大株型品种，植于 2 号缸中。立叶高 81（54~95）cm，叶径 47（42~51）cm×36（30~43）cm。花柄高 95（72~116）cm。花期晚，7 月 11 日始花，群体花期长，为 34 天。着花较密，单缸可开花 5 朵。花蕾阔卵形，紫红色。花态碗状，花型重台型；花瓣 184（164~203）枚，大小为 9.4 cm×5.6 cm；花径 21（18~25）cm。花粉红色，上部深粉色（Red-Purple 64B），中部淡粉色（Red-Purple 75D），基部黄色（Yellow 4D）。雄蕊少数。心皮全部瓣化成美丽的花瓣，着生于花托之上，形成花上开花。不结实。

图 7-1-1　红台莲

＊指缸的尺寸。书中 1 号缸口径 50 cm，高 35 cm 左右；2 号缸口径 40 cm，高 30 cm 左右；3 号缸口径 25 cm，高 18 cm 左右。3 种缸均用于大中型荷花品种的栽培。

134

2. '千瓣莲'（图7-1-2）

传统荷花品种，出自湖北当阳玉泉寺。

大株型品种，植于1号缸中。立叶高92（58~117）cm，叶径44（35~58）cm×37（33~53）cm。花柄高80（65~105）cm，常低于伴生立叶。花期极晚，8月1日始花，群体花期长，为35天；着花较疏，单缸开花3朵。花蕾窄卵形，玫瑰红色；花态杯状，花型千瓣型；花瓣1 955（1 720~2 165）枚，大小为11.6 cm×5.7 cm；花径21（19~23）cm。花粉红色，上部深粉色（Red-Purple 59C），中部淡粉色（Red-Purple 66C），基部黄色（Yellow 2D）。雄蕊全部瓣化。雌蕊花托消失，心皮全部瓣化。

该品种花头重，易折，花瓣边开边落。常出现双心、三心、四心、五心至十二心等花态。

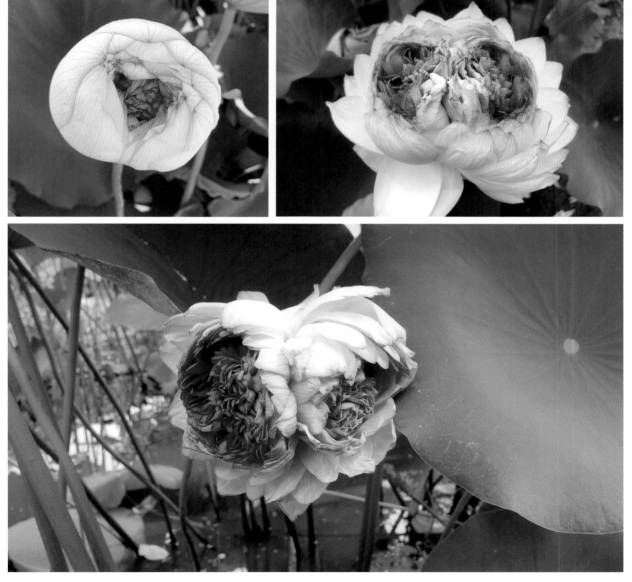

图7-1-2　千瓣莲

3.'宜良千瓣'（图7-1-3）

传统荷花品种,由中国现代观赏荷花奠基人王其超先生发现,产于云南省宜良县。

大株型品种,植于大田湖中。立叶高102（91~110）cm,叶径55（52~60）cm×43（38~46）cm。花柄高120（118~130）cm。花期较早,6月16日左右始花,群体花期长,为75天。着花繁密。花蕾卵形,玫紫色。花态碗状,花型千瓣型;花瓣850（751~950）枚,大小为11.2 cm×6.3 cm;花径21（19~23）cm。花粉红色,上部深粉色（Red-Purple Group 55A）,中部淡粉色（Red-Purple 55C）,基部黄色（Yellow 8C）。雄蕊全瓣化。雌蕊全瓣化。

与老'千瓣莲'相比,该品种花色偏红,多单心花,有时也出现多花心。花柄硬不垂头,花期长,更适合做切花。因其地下茎藕也粗大,可做花藕兼用品种。

图7-1-3 宜良千瓣

4. '碧台莲'（图7-1-4）

传统荷花品种，产自北方。北京、天津、河北白洋淀附近多有栽培。

中株型品种，植于2号缸中。立叶高40（17~56）cm，叶径25（19~36）cm×21（16~29）cm。花柄高49（23~69）cm。花期较早，6月上旬始花，群体花期长，为48天。着花繁密，单缸开花16朵；花蕾卵形，绿色；花态碗状，花型重台型；花瓣105（90~129）枚，大小为7.6 cm×4.9 cm；花径17（9~21）cm。花白色。雄蕊少，附属物小，乳白色。雌蕊多瓣化，少泡状。花托黄色。

该品种雌蕊瓣化程度高，变瓣形大，外淡黄色具浓绿黄色斑晕，内浓绿黄色，故名'碧台莲'。

图7-1-4　碧台莲

5. '大洒锦'（图 7-1-5）

传统荷花名品，又名'玉蝶虎口'，产于浙江杭州。

大株型品种，植于 2 号缸中。立叶高 54（31~90）cm，叶径 40（29~44）cm × 30（22~36）cm。花柄高 53（21~88）cm。花期较早，6 月 13 日始花；群体花期长，达 64 天。着花较繁密，单缸开花 7 朵。花蕾阔卵形，绿色，有红斑块；花态碗状，花型重瓣型；花瓣 96（71~113）枚，大小为 11.3 cm × 7.2 cm；花径 18（15~22）cm。花嵌色，为白色（White 155A）嵌红色（Red-Purple 64A），基部黄色（Yellow 4B）。雄蕊 206 枚，部分瓣化，附属物大小为 4 mm × 5 mm。雌蕊正常，心皮数 12~18。

该品种花色红、绿、黄白相映，荷中绝品。

图 7-1-5 大洒锦

（二）新引种的荷花切花品种

1. '至尊千瓣'（图7-2-1）

'至尊千瓣'与原有的'千瓣莲''宜良千瓣'有区别,故名'至尊千瓣'。由田代科先生于2009年在广东发现。

大株型品种,植于10 m×4 m水池中。立叶高183（156~207）cm,叶径62（42~76）cm×51（31~79）cm。花柄高146（108~175）cm。花期早,5月20日始花;群体花期长,为120天。着

花稀少,开花6朵/m²。花蕾阔卵形,紫色;花态叠球状,花型千瓣型;花瓣1 257(898~1 650)枚,最大瓣10.0 cm×6.2 cm;花径13(10~16)cm。花红紫色(Red-Purple Group 70B),基部黄色(Yellow Group 7B),极少数雌蕊瓣上有黄绿色条纹(Yellow Group 144B)。雄蕊缺失。雌蕊全部瓣化,花托残留。地下茎筒状。

与'千瓣莲'相比,该品种花色深且均匀。'千瓣莲'多花心,花梗细软,花头易下垂。'至尊千瓣'花梗粗硬,花头挺立。与'宜良千瓣'比较,该品种内部花瓣亦明显较大,花色较红艳。

图7-2-1 至尊千瓣

2. '中山红台'（图7-2-2）

'中山红台'产自广东中山市,故得此名。

大株型品种,植于1号缸中。立叶高68（56~70）cm,叶径40（34~44）cm×37（23~40）cm。花柄高82（72~93）cm。花期早,5月25日始花;群体花期长,为44天;着花密度:较密,单缸开花7朵。花蕾阔卵圆形,紫色;花态碗状,花型重台型;花瓣289（278~316）枚,大小为7.5 cm×4.0 cm;花径18（14~20）cm。花红色,上部红色（Red-Purple 70A）;中部淡红色（Red-Purple 70B）,基部淡黄色（Yellow 4D）。雄蕊少,附属物小,淡黄色。雌蕊瓣化,个别泡状。花托黄绿色。

与传统的'红台莲'相比,该品种色更红,瓣更多。

图 7-2-2 中山红台

143

3.'粉红凌霄'（图7-2-3）

泰国传统切花品种，2004年由王其超先生引入中国。

大株形品种，植于3号缸中。立叶高27（13~37）cm，叶径17（11~20）cm×13（9~15）cm。花柄高40（28~53）cm。花期中，6月25日始花；群体花期长，为72天。着花密，单缸开花10朵。花蕾阔卵形，玫红色；花态碗状，花型重瓣型；花瓣152（145~158）枚，最大瓣8.5 cm×6.0 cm；花径13（7~15）cm；花淡红紫色（Red-Purple Group 70C），基部淡黄色（Yellow 2C）。雄蕊少，附属物较大，乳白色。雌蕊心皮8~9枚，发育不全，极少结实。地下茎：粗鞭状。

该品种柄硬，花瓣硬，是泰国荷花切花主栽品种之一。它开花繁，花期长，在热带地区周年开花。属热带型荷花，北方种植冬季要防止冻伤种藕。

与近似品种'至高无上'比较，仅花色不同。

图7-2-3 粉红凌霄

4. '至高无上'（图7-2-4）

泰国传统切花品种,2004年由张行言教授从泰国引入中国。其中文名按泰语意译。

大株型品种,植于小水池中。立叶高61（47~83）cm,叶径38（29~48）cm×28（20~35）cm。花柄高83（66~104）cm。花期早,5月26日始花;群体花期长,为150天。着花密,20朵/m²。花蕾阔卵形,绿色;花态碗状,花型重瓣型;花瓣225（172~259）枚,最大瓣11.5 cm×8.5 cm;花径22（18~23）cm。花白色。雄蕊少,附属物大,黄色。部分雄蕊瓣化,上部为绿色（Green Group 143B）斑块。雌蕊心皮12~20枚,不易结实。青熟花托碗形,深绿色。地下茎粗鞭状。

该品种花色白中透绿,清新淡雅,是泰国优良的切花品种之一。

与近似品种'碧莲'比较,该品种花大,花瓣数多一倍以上。该品种花瓣上绿色显著,花托绿色较深。而且地下茎为鞭状,着花密,群体花期更长。

图7-2-4　至高无上

（三）自育荷花切花品种

1.'巨无霸'（图7-3-1）

2003年由南京艺莲苑花卉有限公司选育。育种方法：实生选种，母本'彩云'。

大株型品种。立叶高48~64 cm，叶径（22~30）cm×（15~21）cm；成熟叶绿色、表面光滑。花柄高92~115 cm，花显著高于立叶；花期早，群体花期长，6月上旬始花至9月下旬。着花密，开花14朵/盆。花蕾桃形，粉红色；花态叠球状，花型重台型；花瓣223~262枚，花径22~26 cm，最大瓣10.0 cm×4.5 cm。花紫红色（Red-Purple Group 67C），基部淡黄绿色（Green-Yellow Group 1C）。雄蕊全瓣化。雌蕊泡状至瓣化，心皮14~20枚。花托倒圆锥状、顶面平、极少结实。

本品种花瓣多，不易完全开放，且具有浓烈松香味，是选育切花型荷花的亲本。

图 7-3-1　巨无霸

2.'紫瑞'（图 7-3-2）

2002 年由南京艺莲苑花卉有限公司选育。

大株型品种。立叶高 89 cm,叶直径 28~36 cm。花柄高 130 cm;花期中,6 月 15 日始花,群体花期长。着花密,每盆 5 朵。花蕾卵圆锥形,复色花;花态碗状,花型重瓣型;花瓣 162 枚,花径 22 cm。花瓣尖紫红色（Red-Purple Group 65A）,中部紫红色（Green-White Group 155B）,基部花瓣黄绿色（Green-Yellow Group 1D）。雄蕊部分瓣化。雌蕊部分泡化,盆栽不可结实。附属物白色大,长,少。

图 7-3-2　紫瑞

3. '红唇'（图 7-3-3）

2002 年由南京艺莲苑花卉有限公司选育。育种方法：实生选种，母本'彩云'。

中株型品种。立叶高 21~36 cm，叶径（15~31）cm×（12~27）cm；成熟叶绿色、表面光滑。花柄高 21~54 cm，花显著高于立叶。花期早，群体花期长，6 月上始花至 9 月下旬。着花密，开花 8 朵 / 盆；花蕾阔卵圆形，玫瑰红色；花态叠球状，花型重台型；花瓣 198~207 枚，花径 10~12 cm。瓣尖紫红色（Red-Purple Group 67A），中部、基部花瓣黄绿色（Green-Yellow Group 1D）。雄蕊全瓣化。雌蕊瓣化，心皮 14~20 枚。花托倒圆锥状、顶面平，大池种植少量结实。

本品花瓣多且花色丰富，由外至内层层内扣，盆栽与瓶插观赏性佳。

图 7-3-3　红唇

4. '凤凰翎' （图 7-3-4）

2006 年由南京艺莲苑花卉有限公司选育。

中株型品种，植于内径 46 cm，深 31 cm 盆中。立叶高 63 cm，叶径 22~28 cm。花柄高 76 cm；花期中，6 月 12 日始花，群体花期长。着花密，每盆开花 5~8 朵。花蕾卵球形；花态碗状，花型重瓣型；花瓣 195 枚，花径 14 cm。瓣尖紫红色（Red-Purple Group 64C），中部白色（White Group N151B），基部黄色（Yellow Group 4D）。雄蕊全瓣化。雌蕊全泡化，雌蕊心皮 4~6 枚，不结实。

图 7-3-4　凤凰翎

5.'雨落花台'（图 7-3-5）

2016 年由南京艺莲苑花卉有限公司选育。

大株型品种。立叶高 78 cm，叶直径 31~37 cm。花柄高 105 cm；花期早，5 月 31 日始花，群体花期长。着花较密，每盆 6 朵。花蕾卵圆锥形，粉红色；花态碗状，花型重瓣型；花瓣 230 枚，花径 18 cm。瓣尖紫红色（Red-Purple Group 59C），中部白色（White Group N155B），基部黄色（Yellow Group 4D）。雄蕊部分瓣化，附属物白色小，短，少。雌蕊正常，心皮 19 枚，盆栽部分结实。

图 7-3-5 雨落花台

153

6.'南诏佛光'（图7-3-6）

2016年由南京艺莲苑花卉有限公司选育。

大株型品种,植于口径460 mm,深380 mm盆中。立叶高60 cm,叶径35 cm×27 cm。花柄高104 cm,花高于立叶;花期中,群体花期长。着花稀少,单盆(口径460 mm)开花4朵。花蕾卵形,基部绿色,尖红色;花态碗状,花型重瓣型;花瓣246枚,花径10 cm,最大瓣11 cm×7 cm,最小瓣5 cm×1 cm。瓣尖紫红色（Red-Purple Group 63A）,中部淡绿色（Green-White Group 157B）,基部花瓣黄绿色（Green-Yellow Group 1D）。雄蕊全瓣化。雌蕊全泡化,心皮10枚,不结实。

图7-3-6 南诏佛光

7. '子夜'（图 7-3-7）

2007 年由南京艺莲苑花卉有限公司选育。育种方法：实生选种，母本'统帅'。

中株型品种。立叶高 13~21 cm，叶径（19~21）cm×（8~16）cm；成熟叶深绿色、表面光滑。花高 25~45 cm，花显著高于立叶；花期中，群体花期中，6 月中始花至 8 月中旬。着花中，开花 6 朵/盆。花蕾阔卵形，紫红色；花态碗状，花型重台型；花瓣 95~112 枚，花径 12~15 cm，最大瓣 6.0 cm×3.5 cm。花紫红色（Red-Purple Group 64AC），基部橙黄色（Orange Group 28A），变瓣绿色（Green group 138C）。雄蕊多，附属物淡黄色。雌蕊泡化，心皮 8~12 枚。花托杯状、顶面平、正常。

本品种花色深，与基部橙黄色相辉映，观赏和瓶插效果佳。

图 7-3-7　子夜

8. '珠峰翠影'（图 7-3-8）

2006 年由南京艺莲苑花卉有限公司选育。育种方法：实生选种,母本'碧云'。

中株型品种。立叶高 37~43 cm,叶径（22~30）cm×（16~20）cm;成熟叶深绿色、表面光滑。花柄高 65~75 cm,花显著高于立叶。花期早,群体花期长,6 月上始花至 9 月下旬。着花密,开花 8 朵 / 盆。花蕾卵形,绿色;花态碗状,花型重台型;花瓣 75~79 枚,花径 19~23 cm,最大瓣 10.0 cm×4.0 cm。花白色,基部淡黄色（Yellow Group 8B）。雄蕊多瓣化。雌蕊泡状至瓣化,心皮 16~22 枚。花托碗状、顶面平,极少结实。

本品种花色清新优雅,花型大气,气势宏伟。

图 7-3-8　珠峰翠影

9. '新云锦'（图 7-3-9）

2006 年由南京艺莲苑花卉有限公司选育。

中株型品种。立叶高 54~70 cm，叶径 23~27 cm；成熟叶绿色、表面光滑。花柄高 66~102 cm，花显著高于立叶；花期早，群体花期长，6 月上始花至 9 月下旬。着花中，开花 12~18 朵 / m²。花蕾卵形，黄绿色，尖红色；花态碟状，花型重台型；花瓣 109~145 枚，花径 20~25 cm，最大瓣 11.7 cm × 7.1 cm。瓣尖及边缘紫红色（Red-Purple Group 58A），中部白色（White Group 155C），基部淡黄绿色（Green-Yellow Group 1D）。雄蕊数 109~136，雄蕊附属物白色。雌蕊泡状或瓣化，心皮 8~13 枚。花托倒圆锥状、顶面平，极少结实。

图 7-3-9　新云锦

10. '精彩' （图 7-3-10）

2006 年由南京艺莲苑花卉有限公司选育。

大株型品种,池栽。立叶高 107 cm,叶径 26~33 cm。花柄高 124 cm;群体花期长;着花密,属于丰花品种。花蕾卵圆锥形,绿色;花态碗状,花型重瓣型;花瓣 98 枚,花径 20 cm,最大瓣 8.5 cm×7 cm。花粉白色,上部紫红色（Red-Purple Group 64C）,中部黄色（Green-White Group 157D）,基部黄色（Yellow Group 4C）。雄蕊部分瓣化,附属物白色。雌蕊部分泡化,心皮 12~15 枚,部分结实。

图 7-3-10　精彩

11.‘舞剑’（图 7-3-11）

2007 年由南京艺莲苑花卉有限公司选育。

中株型品种,植于口径 460 mm、深 380 mm 盆中。立叶高 33 cm,叶径 28 cm×26 cm。花柄高 62 cm,花高于立叶;花期中,群体花期长。着花稀少,单盆(口径 460 mm)开花 3 朵。花蕾卵形,黄绿色。花态杯状,花型重瓣型;花瓣 112 枚,花径 18 cm,最大瓣 9.5 cm×6 cm,最小瓣 4.5 cm×1 cm。瓣尖黄绿色(Yellow-Green 150B),中部黄绿色(Yellow-Green 149D),基部花瓣黄绿色(Yellow-Green 154D)。雄蕊 74 枚,部分瓣化,附属物淡黄色,花药黄色,花丝淡黄色。雌蕊正常,心皮 11 枚,正常结实。

图 7-3-11　舞剑

12. '锦色' (图 7-3-12)

2007 年由南京艺莲苑花卉有限公司选育。

中株型品种,植于口径 460 mm、深 380 mm 盆中。立叶高 16 cm,叶径 22 cm×17 cm。花柄高 57 cm,花高于立叶。花期中,群体花期长。着花密,单盆(口径 460 mm)开花 6 朵。花蕾卵形,黄绿色,尖部红色;花态碗状,花型重瓣型;花瓣 78 枚,花径 16 cm,最大瓣 9 cm×4 cm,最小瓣 3 cm×0.5 cm。瓣尖紫红色(Red-Purple 63B),中部淡紫红色(Red-Purple 62D),基部花瓣黄绿色(Yellow-Green 154C)。雄蕊 83 枚,部分瓣化,附属物淡黄色,花药黄色,花丝淡黄色。雌蕊正常,心皮 13 枚,正常结实。

图 7-3-12　锦色

13.'秦淮月夜'（图7-3-13）

2005年由南京艺莲苑花卉有限公司育成。母本为美国荷花品种'卡罗琳皇后'。

大株型品种。立叶高66（62~70）cm；叶径33（30~36）cm×26（23~29）cm。花柄高90（86~95）cm。花期中，6月18日始花；群体花期长，为65天。着花繁密，单缸（2号缸）开花12朵。花蕾玫红色；花态碗状，花型重瓣型；花瓣102（98~106）枚；花径18（16~20）cm，最大瓣径长9cm，宽4cm。花淡红紫色（Red-Purple Group 70C），尖部红紫色（Red-Purple Group 70B），基部为深黄橙色（Yellow-Orange Group 14A），雄蕊变瓣深黄绿色（Yellow-Green Group 144A）。雄蕊少，附属物大，淡黄色。雌蕊心皮数18~25枚。有泡化或瓣化现象，部分结实。青熟花托碗形，淡黄色。地下茎筒状。

该品种花蕾为阔卵形，如秦淮河畔夜晚一盏盏灯笼笼罩下的景色。该品种花色较特别，初开为橘红色。叶深绿色，叶柄较光滑。盆栽花亦多。适合做切花。

图7-3-13　秦淮月夜

14. '新子夜'（图7-3-14）

2012年由南京艺莲苑花卉有限公司选育。

大中株型品种。立叶高75.3（70.0~83.0）cm；叶径28.8（23.5~34.0）cm×25.0（19.5~28.5）cm。
花柄高77.7（79.0~92.0）cm。花期早，群体花期5月下旬至7月中旬。着花较密，单盆（1号盆）
花开6朵。花态碗状，花型重瓣型。花瓣166（149~199）枚，外被20（20~21）枚，内被146（129~179）
枚；花径16.7（14.7~18.8）cm；花深紫红色（上部Red-Purple Group 58A，中部Red-Purple Group
64C），基部黄绿色（Yellow-Green 10B）。雄蕊84（38~145）枚，多瓣化，附属物中等，白色带红斑。
雌蕊心皮发育正常，心皮17（11~24）枚，正常结实。

该品种开花早，花瓣紧凑，花姿规整端庄，部分变瓣有白斑，花托绿色。适用于各类花卉展览、
公园和庭院环境等配置，也适用于大水域栽植。

图7-3-14　新子夜

15. '金太阳'（图 7-3-15）

2004 年由南京艺莲苑花卉有限公司选育。

中株型品种。立叶高 51.0（42.0~59.0）cm；叶径 26.3（22.0~31.0）cm × 23.0（19.0~27.0）cm。花柄高 61.0（48.0~72.0）cm，花显著高于立叶。花期早，群体花期 5 月下旬至 7 月中旬。着花较密，单盆（1 号盆）花开 5 朵。花态碗状，花型重瓣型；花瓣 125（117~135）枚，外被 20（19~21）枚，内被 105（98~114）枚；花径 17.9（16.4~19.3）cm。花黄色，上、中部黄色（Yellow-Group 2D），基部淡黄色（Yellow-Group 2B）。雄蕊 97（59~136）枚，少数瓣化，附属物大，乳白色。雌蕊心皮发育正常，心皮 11（9~14）枚，部分结实。

该品种开花早，花瓣紧凑，外瓣宽大包裹内瓣，呈抱团聚拢状，部分变瓣有绿斑，花托绿色。适用于各类花卉展览、公园和庭院环境等配置，也可用于大水面浅水域栽植。

图 7-3-15　金太阳

16. '金秋'（图 7-3-16）

2006 年由南京艺莲苑花卉有限公司选育。

中株型品种。立叶高 65.1（60.5~75.0）cm，叶径 26.9（24.6~30.7）cm×22.9（20.7~26.6）cm。花柄高 85.1（76.6~100.3）cm，花显著高于立叶。花期早，群体花期 6 月上旬至 8 月中旬。着花较密，单盆（1 号盆）开花 11 朵。花态碗状，花型重台型；花瓣 122（100~148）枚，外被 20（19~20）枚，内被 102（80~128）枚；花径 15.0（13.2~17.0）cm。花白色，上、中部白色（White Group NN155A），基部黄色（Yellow-Group 4C）。雄蕊数 48（0~71）枚，多瓣化，少数全瓣化，附属物中等，乳白色。雌蕊心皮全泡化，心皮 7（5~9）枚，不结实。

'金秋'花显著高于叶片，开花早，花色清雅，泡状心皮呈绿色，花形规整，适用于各类花卉展览、公园和庭院环境等配置。

图 7-3-16 金秋

17. '锦霞'（图7-3-17）

2009年由南京艺莲苑花卉有限公司选育。

中株型品种。立叶高54.7（45.0~62.0）cm；叶径21.8（18.0~25.5）cm×19.5（17.0~22.0）cm。花柄高71.3(65.0~77.0)cm。花显著高于立叶。花期早；群体花期6月上旬至8月下旬。着花稀少，单盆（1号盆）开花5朵。花态碗状，花型重瓣型；花瓣76（66~82）枚，外被22（20~23）枚，内被54（46~60）枚；花径15.6（13.8~17.6）cm。花复色，上部紫红色（Red-Purple Group 61B），中部红色（Red Group 38D），基部黄色（Yellow Group 3B）。雄蕊14（8~22）枚，少数瓣化，附属物中等，淡黄色。雌蕊心皮发育正常，心皮数8（4~12）枚，结实少。

该品种开花早，花色丰富，有罕见的红橙色呈现，瓣尖及背脉粉红色，中部及下部黄色略带橙色，花姿端庄优雅，花脉明显，花托绿色。适用于各类花卉展览、公园和庭院环境等配置。

图7-3-17 锦霞

18. '披针粉'（图 7-3-18）

2008 年由南京艺莲苑花卉有限公司选育。

中株型品种。立叶高 68.9（55.7~80.0）cm；叶径 23.4（19.3~26.5）cm × 19.7（16.7~22.0）cm。花柄高 96.0（81.4~110.0）cm，花显著高于立叶。花期中，群体花期 6 月中旬至 8 月中旬。着花较密，单盆（1 号盆）开花 10 朵。花态飞舞状，花型重瓣型；花瓣 89（72~115）枚，外被 22（20~23）枚，内被 67（50~94）枚；花径 17.4（14.9~21.0）cm。花粉红色，上部粉红色（Red-Purple Group 68B），外被中部淡粉色（Red-Purple Group 65B），内被中部淡粉色（Red-Purple Group 69A），基部黄色（Yellow Group 4C）。雄蕊 36（19~46）枚，少瓣化、附属物大，乳白色。雌蕊心皮部分泡化，心皮 6（4~9）枚，结实少。

该品种花显著高于叶片，花色均匀娇嫩，部分变瓣有白条纹和绿斑块，花瓣细长，适用于各类花卉展览、公园和庭院环境等配置，也适用于大水面浅水域栽植。

图 7-3-18　披针粉

19.'新枇杷橙'（图 7-3-19）

2012 年由南京艺莲苑花卉有限公司选育。

中株型品种。立叶高 67.3（55.0~80.0）cm；叶径 26.4（22.0~29.7）cm × 23.7（19.5~27.1）cm。花柄高 78.3（58.0~103.0）cm，花显著高于立叶。花期中，群体花期 6 月中旬至 7 月下旬。着花较密，单盆（1 号盆）开花 10 朵。花态碗状，花型重瓣型；花瓣 105（98~114）枚，外被 22（21~23）枚，内被 83（77~92）枚；花径 16.8（15.3~19.0）cm。花复色，外被上部粉紫色（Red-Purple Group 58A），内被上部淡粉紫色（Red-Purple Group 63C），中部黄色（Yellow Group 11D），外被基部黄色（Yellow Group 2D），内被基部黄色（Yellow Group 8C）。雄蕊 85（51~149）枚，少瓣化，附属物中等，乳白色。雌蕊心皮部分泡化，心皮 12（10~15）枚，不结实。

该品种花色丰富，淡黄色至橙色，瓣尖粉红色，变瓣有少许绿斑，外瓣宽大，内瓣细长，区分明显，花托绿色。适用于各类花卉展览、公园和庭院环境等配置。

图 7-3-19　新枇杷橙

20. '神州美·甘'（图 7-3-20）

2021 年由南京艺莲苑花卉有限公司选育。

小株型品种，植于口径 460 mm、深 380 mm 单盆中。立叶高 14 cm，叶径 20 cm×18 cm。花柄高 28 cm，花显著高于立叶；花期期中，群体花期长。着花稀少，单盆（口径 460 mm）开花 4 朵。花蕾卵形，底部绿色，尖部紫红色；花态碟状，花型重台型；花瓣 101，花径 14 cm，最大瓣 7 cm×3.5 cm，最小瓣 4.5 cm×1 cm。瓣尖紫红色（Red-Purple Group 73A），中部绿白色（Green-White Group 157C），基部花瓣黄绿色（Yellow-Green Group 150D）。雄蕊 61 枚，部分瓣化，附属物淡黄色，花药黄色，花丝淡黄色。雌蕊全瓣化，心皮 15 枚，不结实。

图 7-3-20 神州美·甘

21. '土心缘'（图7-3-21）

2021年由南京艺莲苑花卉有限公司选育。

中株型品种，植于口径460 mm、深380 mm单盆中。立叶高31 cm，叶径25 cm×20 cm。花柄高50 cm，花显著高于立叶。花期中，群体花期长。着花较密，单盆（口径460 mm）开花6朵。花蕾阔卵形，底部绿色，尖部紫红色；花态叠球状，花型重台型；花瓣96枚，花径12 cm，最大瓣7 cm×5 cm，最小瓣5 cm×1.5 cm。瓣尖紫红色（Red-Purple Group 68A），中部绿白色（Green-White 157D），基部花瓣黄色（Yellow Group 2D）。雄蕊182枚，部分瓣化，附属物淡黄色，花药黄色，花丝淡黄色。雌蕊正常，后期泡化，心皮10枚，不结实。

图7-3-21　土心缘

22.‘神州美·粤’（图 7-3-22）

2021 年由南京艺莲苑花卉有限公司选育。

中株型品种,植于口径 400 mm、深 270 mm 单盆中。立叶高 32 cm,叶径 25 cm×19 cm。花柄高 59 cm,花显著高于立叶。花期中,群体花期长。着花较密,单盆（口径 400 mm）开花 6 朵。花蕾阔卵形,粉红色;花态碗状,花型重台型;花瓣 119 枚,花径 11 cm,最大瓣 7.6 cm×5 cm,最小瓣 4 cm×1 cm。瓣尖紫红色（Red-Purple Group 67B）,中部白色（White Group N155C）,基部花瓣绿黄色（Green-Yellow Group 1D）。雄蕊 48 枚,部分瓣化,附属物淡黄色,花药黄色,花丝淡黄色。雌蕊全泡化,心皮 9 枚,不结实。

图 7-3-22 神州美·粤

23.'金叠玉'（图7-3-23）

2013年由江苏省中国科学院植物所与南京艺莲苑花卉有限公司联合选育。育种方法：人工杂交，母本'金太阳'。已获植物新品种权，品种权号：CNA20160651.01。

大株型品种。立叶高84~121 cm，叶径（30.5~46）cm×（21~38）cm。花柄高109~153 cm，花高于立叶；花期中，约6月10日始花，群体花期长。着花较密，单盆（口径460 mm）开花7~8朵；花蕾阔卵形，黄绿色；花态叠球状，花型为重瓣至重台型；花瓣229~275枚，花径20~29 cm，最大瓣14 cm×10 cm，最小瓣6.2 cm×2 cm。花最外层花瓣黄绿色（Yellow-Green 144B），内层花瓣瓣尖淡黄绿色（Green-Yellow 1D），基部淡黄色（Green-Yellow 1B）。雄蕊175~192枚，部分瓣化，附属物乳白色，花药深黄色，花丝淡黄色。雌蕊泡状，心皮12~19枚。青熟花托侧面黄绿色（Yellow-Green Group 144B），倒圆锥状。

与母本'金太阳'相比较，该品种株型更加高大挺拔，花瓣数增加，花态显得更为饱满，花色从浅黄色变为黄绿色。同近似品种'友谊牡丹莲'相比，该品种花色更深且偏绿色，'友谊牡丹莲'为淡黄色；'友谊牡丹莲'为重瓣型品种，易结实；该品种为重瓣至重台型，雄蕊瓣化基本不结实；'友谊牡丹莲'花态较为舒展，该品种开放初期，花朵外瓣合抱，外观似黄绿色苹果。

图7-3-23　金叠玉

24. '振国黄'（图 7-3-24）

2015 年由南京艺莲苑花卉有限公司与江苏省中国科学院植物所联合选育。育种方法：实生选种,母本'友谊牡丹莲'。已获植物新品种权,品种权号：CNA20183364.0。

中株型品种。立叶高 48~55 cm,叶径（20.5~28.2）cm×（25~36.5）cm。花柄高 65~82 cm,花显著高于伴生立叶。花期中,约 6 月 17 日始花,群体花期长。着花密,10~13 朵 / m²;花蕾卵形,黄绿色;花态碟状,花型重瓣型;花瓣 164~207 枚,花径 13~17 cm,最大瓣 12.5 cm×9 cm,最小瓣 8 cm×2.5 cm。花黄色（Yellow-Green Group 150D）,外层黄绿色（Yellow-Green Group 145C）。雄蕊 39~78 枚,部分瓣化,附属物淡黄色,花药深黄色,花丝淡黄色。雌蕊心皮 13~16 枚。莲蓬顶面深绿色。青熟花托碗形,黄绿色（Yellow-Green 144B）。地下茎短圆筒形。

该品种花形饱满,花色为少见的亮黄色,花梗质硬宜做切花,是优良的花莲新品种之一。与母本'友谊牡丹莲'相比,该品种花色更深,为亮黄色,且花型更加饱满。

图 7-3-24　振国黄

25.'如润'（图7-3-25）

2015年由江苏省中国科学院植物所与南京艺莲苑花卉有限公司联合选育。育种方法:实生选种,母本'金太阳'。已获植物新品种权,品种权号:CNA20183365.9。

中株型品种。立叶高39~43 cm,叶径（23~36）cm×（28~42）cm。花柄高60~70 cm,花显著高于立叶。花期早,约5月21日始花,群体花期长。着花密,花量14~15朵/m²。花蕾阔卵形,黄绿色;花态叠球状,花型重台型;花瓣388~575枚,花径13~16 cm,最大瓣9 cm×6.6 cm,最小瓣3.1 cm×0.5 cm。花浅绿色（Green-White Group 157A）,基部黄色（Yellow Group 3D）,最外层黄绿色（Yellow-Green Group N144C）。雄蕊全部瓣化。雌蕊泡状或瓣化,心皮22~31枚,不结实。青熟花托侧面黄绿色（Yellow-Green Group 144B）。

该品种观赏性佳,黄绿色重台型,花色更深,花瓣数更多,花态前期合抱,后期叠球状;单朵花期长,花瓣不易凋落,花苞可拍开且与自然开放无异,可用作切花品种。同母本'金太阳'、近似品种'金叠玉'相比,该品种花色更深,偏黄绿色;花瓣数更多且瓣化程度更高,雌蕊泡状或瓣化。

图 7-3-25 如润

26.'石城锦绣'（图7-3-26）

2015年由南京艺莲苑花卉有限公司与江苏省中国科学院植物所联合选育。育种方法：实生选种,母本'锦霞'。已获植物新品种权,品种权号：CNA20183468.5。

中株型品种。立叶高40~49 cm,叶径（27~39）cm×（33~43）cm。花柄高61~75 cm,花显著高于立叶;花期中,约6月17日始花,群体花期长。着花较密,开花7~9朵/m²;花蕾卵形,紫红色,基部绿色;花态碟状,花型重台型;花瓣91~110枚,花径15~21 cm,最大瓣12.5 cm×7 cm,最小瓣5.6 cm×1.2 cm。瓣尖紫红色（Red-Purple Group 58A）,中部粉色（Red Group 51D,瓣脉明显）,基部黄色（Yellow Group 2B）。雄蕊约229枚,部分瓣化,附属物乳白色,花药深黄色,花丝淡黄色。雌蕊泡状,心皮24~26枚。青熟花托侧面黄绿色（Yellow-Green Group N144D）,倒圆锥状。

该品种观赏性佳,花色为复色,艳丽且红黄二色相融,随开放红色变淡,黄色加深。外瓣大,内瓣小,排列规整,花态挺拔、秀雅。同母本'锦霞'相比,花色更艳丽,红色脉纹面积更大;花瓣数更多且雌蕊心皮全部泡状;花态更规整、扁平;花柄更粗。同近似品种'金陵畅想'相比,该品种花色更丰富,花瓣数略少,雌蕊心皮全部泡状,花态更扁平。

图 7-3-26 石城锦绣

27. '赤镶金盏'（图 7-3-27）

2015 年由江苏省中国科学院植物所与南京艺莲苑花卉有限公司联合选育。育种方法：人工杂交，母本'香雪海'、父本'金陵凝翠'。已申请植物新品种权。

中株型品种。立叶高 36~46 cm，叶径（24~32）cm×（30~40）cm。花柄高 49~54 cm，花显著高于立叶。花期早，约 5 月 27 日始花，群体花期长。着花较密，单盆（口径 460 mm）开花 6~7朵。花蕾卵形，黄绿色，尖紫红；花态碗状，花型重瓣型；花瓣 78~104 枚，花径 12~16 cm，最大瓣10.7 cm×6.3 cm，最小瓣 4.6 cm×0.9 cm。瓣尖紫红色（Red Group 54A），中部白色（White Group155A），基部黄色（Yellow Group 3C）。雄蕊约 246 枚，部分瓣化，附属物乳白色，花药深黄色，花丝淡黄色。雌蕊正常，心皮 25~33 枚。青熟花托侧面黄绿色（Yellow-Green Group 145B），碗形。

该品种复色重瓣大花型，花色丰富，花态挺拔、有弧度，花瓣瓣尖两侧向内微卷，花梗粗且质硬。与母本'香雪海'相比，该品种花瓣更多，花色更丰富，外瓣紫红色，瓣尖和脉纹明显。

图 7-3-27　赤镶金盏

28.'江南绸锦'（图 7-3-28）

2016 年由江苏省中国科学院植物所与南京艺莲苑花卉有限公司联合选育。育种方法：实生选种，母本'枇杷橙'。已申请植物新品种权。

大株型品种。立叶高 34~50 cm，叶径（30~34）cm×（36~44）cm。花柄高 72~94 cm，花显著高于立叶。花期早，群体花期长。着花较密，开花 14~16 朵/m²。花蕾卵形，黄绿色，尖红色；花态前期碗状，后期碟状；花型重瓣型；花瓣 89~96 枚，花径 17~22 cm，最大瓣 9.6 cm×6.2 cm，最小瓣 6.1 cm×1.4 cm。瓣尖红色（Red-Purple Group 61B），外瓣淡黄绿色（Green-White Group 157A），内瓣淡黄色（Yellow Group 4D）。雄蕊约 76 枚，部分瓣化，附属物淡黄色，花药深黄色，花丝淡黄色。雌蕊正常，心皮 10~21 枚。青熟花托侧面黄绿色（Yellow-Green Group 144C）。

该品种观赏性佳，花态前期碗状，内外瓣明显，排列规整；后期外瓣下垂，花态碟状。与母本'枇杷橙'相比，该品种花色更加新颖、丰富，瓣尖及边缘紫红色，中部淡黄绿色至淡黄色，基部黄色。

图 7-3-28 江南绸锦

29.'南诏禅音'（图 7-3-29）

2016 年由南京艺莲苑花卉有限公司与江苏省中国科学院植物所联合选育。育种方法：实生选种，母本'珠峰翠影'。已申请植物新品种权。

大株型品种。立叶高 37~46 cm，叶径（26~45）cm×（34~51）cm。花柄高 43~63 cm，花显著高于立叶。花期早，群体花期长。着花较密，开花 8~10 朵/m²。花蕾卵形，黄绿色，尖微红色；花态前期碗状，后期碟状；花型重瓣型；花瓣 74~82 枚，花径 20~28 cm，最大瓣 10.5 cm×7 cm，最小瓣 6.3 cm×2.5 cm。花白色（Green-White Group 157B），基部淡黄色（Yellow Group 3C）。雄蕊约 196 枚，部分瓣化，附属物淡黄色，花药深黄色，花丝淡黄色。雌蕊正常，心皮 15~22 枚。青熟花托侧面黄绿色（Yellow-Green Group 145B）。

该品种观赏性佳，大花型，花瓣微卷有弧度；花色为极淡黄绿色近白色。与母本'珠峰翠影'相比，该品种花态更加挺拔，花色极淡黄绿色近白色，且花径较母本更大。

图 7-3-29　南诏禅音

30.'金陵彩虹'（图 7-3-30）

2017 年由江苏省中国科学院植物所与南京艺莲苑花卉有限公司联合选育。育种方法：实生选种，母本'金陵女神'。已申请植物新品种权。

中株型品种。立叶高 26~44 cm，叶径（24~29）cm×（32~39）cm。花柄高 34~49 cm，花显著高于立叶。花期早，群体花期长，约 6 月 20 日始花至 8 月底。着花较密，开花 8~12 朵 / m²。花蕾卵形，黄绿色，瓣尖红色；花态碗状，花型重瓣型；花瓣 164~178 枚，花径 10~14 cm，最大瓣 7.0 cm×5.7 cm，最小瓣 5.0 cm×1.8 cm。瓣尖紫红色（Red-Purple Group 64B），中部白色（White Group 155A），基部黄色（Yellow Group 3B）。雄蕊 165~180 枚，部分瓣化，附属物乳白色，花药深黄色，花丝淡黄色。雌蕊偶见泡状，心皮 8~12 枚。青熟花托侧面黄绿色（Yellow-Green Group 150C），倒圆锥状。

该品种花色复色，瓣中极淡黄色，瓣尖红色，外层花瓣颜色丰富，随开放颜色变淡。与母本'金陵女神'相比，该品种花态碗状，花瓣合抱近椭球，外层花瓣颜色对比更加明显，花型更加清秀可爱。

图 7-3-30　金陵彩虹

荷花切花生产与应用

31. '两情相悦'（图 7-3-31）

2017 年由江苏省中国科学院植物所与南京艺莲苑花卉有限公司联合选育。育种方法：人工杂交，母本'雨花情'，父本'花开富贵'。已申请植物新品种权。

大株型品种。立叶高 58~74 cm，叶径（29~34）cm×（31~38）cm。花柄高 72~99 cm，花显著高于立叶。花期早，群体花期长，约 6 月 11 日始花至 8 月下旬。着花密，开花 14~18 朵 / m²。花蕾卵形，基部绿色，瓣尖红色；花态碟状，花型重瓣型；花瓣 111~121 枚，花径 14~19 cm，最大瓣 8.1 cm×5.1 cm，最小瓣 5.6 cm×1.6 cm。瓣尖紫红色（Red-Purple Group 64C），中部浅粉色（White Group N155B，瓣脉明显），基部黄色（Yellow Group 4B）。雄蕊 94~102 枚，部分瓣化，附属物淡黄色，花药深黄色，花丝淡黄色。雌蕊正常，心皮 8~16 枚。青熟花托侧面黄绿色（Yellow-Green Group 144C），倒圆锥状。

该品内外瓣分界明显，最外层花被片下表面黄绿色边缘红色，外层花瓣大且瓣尖有弧度，内瓣多且色深，初开红色较深，随开放颜色变淡，过渡自然。与母本'雨花情'相比，该品种花色更加俏丽、多变，且花态更加规整。

图 7-3-31 两情相悦

32.'铺金叠翠'（图7-3-32）

2017年由南京艺莲苑花卉有限公司与江苏省中国科学院植物所联合选育。育种方法：实生选种，母本'金陵凝翠'。已申请植物新品种权。

大株型品种。立叶高49~68 cm，叶径（30~32）cm×（34~40）cm。花柄高76~108 cm，花显著高于立叶。花期早，群体花期长，约6月20日始花至8月底。着花较密，开花8~14朵/m²。花蕾卵形，绿色；花态碟状，花型重台型；花瓣157~180枚，花径16~23 cm，最大瓣10.0 cm×6.4 cm，最小瓣5.5 cm×1.0 cm。花绿色（Yellow-Green Group 150C），基部黄色（Yellow Group 4B），变瓣顶端有绿色脉（Yellow-Green Group 149C）。雄蕊108~120枚，附属物淡黄色，花药深黄色，花丝淡黄色。雌蕊泡状，心皮22~32枚。青熟花托侧面绿色（Green Group 143C），碗形。

该品种花色新颖，绿色较深；内外瓣分界明显，外瓣宽大，内瓣细碎似菊。高温时花瓣会出现"灼伤"现象。与母本'金陵凝翠'相比，该品种为重台型，花色较母本更绿。

图 7-3-32　铺金叠翠

33.'神州百灵'（图7-3-33）

2017年由南京艺莲苑花卉有限公司与江苏省中国科学院植物所联合选育。育种方法:实生选种,母本'锦霞'。已申请植物新品种权。

中株型品种。立叶高38~54 cm,叶径（28~39）cm×（33~44）cm。花柄高72~95 cm,花显著高于立叶。花期早,群体花期长,约6月11日始花至8月下旬。着花密,开花12~17朵/m²。花蕾纺锤形,紫红色,基部绿色;花态碟状,花型重台型;花瓣116~130枚,花径16~22 cm,最大瓣11.2 cm×6.9 cm,最小瓣6.7 cm×1.2 cm。瓣尖紫红色（Red-Purple Group 61B）,中部淡黄色（Yellow-White Group 158A）,紫红色瓣脉（Red-Purple Group 60D）明显,基部黄色（Yellow Group 4A）。雄蕊152~163枚,部分瓣化,附属物淡黄色,花药深黄色,花丝淡黄色。雌蕊泡状,心皮12~22枚。青熟花托侧面黄绿色（Yellow-Green Group 144C）,碗形。

该品种内外瓣分界明显,外瓣宽大、色浅脉纹明显,内瓣细小色深,随开放花瓣打开,红色变淡,黄色突显。与母本'锦霞'相比,该品种花色更加艳丽,花态更加规整,盆栽效果更好。

图 7-3-33　神州百灵

34. '南诏故城'（图 7-3-34）

2019 年由南京艺莲苑花卉有限公司与江苏省中国科学院植物所联合选育。育种方法：人工杂交，母本'赤镶金盏'，父本'振国黄'。

大株型品种。立叶高 49~83 cm，叶径（30~39）cm ×（24~33）cm，成熟叶绿色、表面光滑。花柄高 71~102 cm，花显著高于立叶。花期中，群体花期长，6 月下始花至 8 月下旬。着花密，开花 13~19 朵 / m²。花蕾卵球形，黄绿色尖红色；花态碟状，花型重瓣型；花瓣 160~177 枚，花径 20~24 cm，最大瓣 13.3 cm × 8.5 cm。瓣尖紫红色（Red-Purple Group 58A），中部黄色（Yellow Group 4D），基部淡黄色（Yellow Group 3B）。雄蕊部分瓣化。雌蕊正常，心皮 10~21 枚。花托倒圆锥状、顶面平，极少结实。

该品种花黄色，瓣尖红色，花态恢宏大气，宜做切花。

图 7-3-34　南诏故城

35. '蝶羽望舒'（图 7-3-35）

2018年由南京艺莲苑花卉有限公司与华南农业大学联合选育。育种方法：实生选种，母本'巨无霸'。已申请植物新品种权。

大株型品种。立叶高 73~104 cm，叶径（36~50）cm×（39~58）cm，成熟叶绿色、表面光滑。花柄高 79~122 cm，花显著高于立叶。花期早，群体花期长，6月中始花至8月下旬。着花较密，开花 10~14 朵 / m²。花蕾阔卵形，黄绿色、尖红色；花态叠球状，花型重瓣型；花瓣 438~459 枚，花径 18~23 cm，最大瓣 11 cm×7.2 cm。花白色（White Group 155C），基部淡黄色（Yellow Group 2C），瓣尖边缘紫红色（Red-Purple Group 60B）。雄蕊 98~115 枚，雄蕊附属物淡黄色。雌蕊正常，心皮 22~31 枚。花托碗形、顶面平，不结实。

该品种大花重瓣型、观赏性佳，宜做切花。与母本'巨无霸'相比，该品种花色更加丰富，且同样具有松香味，且花瓣更多，花态清秀。

图 7-3-35　蝶羽望舒

36.'鸡鸣晨钟'（图 7-3-36）

2018 年由南京艺莲苑花卉有限公司与江苏省中国科学院植物所联合选育。育种方法：实生选种，母本'金陵女神'。已申请植物新品种权。

大株型品种。立叶高 72~110 cm，叶径（34~46）cm×（39~52）cm。花柄高 111~185 cm，花显著高于立叶。花期早，群体花期长，6 月中下旬始花至 8 月下旬。着花密，开花 12~20 朵/m²。花蕾卵形，紫红色脉明显，基部黄绿色；花态碗状至碟状，花型重瓣型；花瓣 177~205 枚，花径 19~23 cm，最大瓣 10.0 cm×6.5 cm。瓣尖紫红色（Red-Purple Group 60B），中部白色（White Group 155D），基部黄色（Yellow Group 2B）。雄蕊 115~212 枚，部分瓣化，附属物淡黄色，大小约 0.4 cm×0.1 cm。雌蕊正常，心皮 15~31 枚。花托倒圆锥状、顶面平。

该品种大花型，色彩艳丽，宜做切花。与母本'金陵女神'相比，该品种为紫红色，且花量大，花态更加规整饱满。

图 7-3-36 鸡鸣晨钟

37. '鸡鸣暮鼓' （图 7-3-37）

2018 年由南京艺莲苑花卉有限公司与江苏省中国科学院植物所联合选育。已申请植物新品种权。

大株型品种。立叶高 86~111 cm，叶径（32~39）cm×（39~51）cm。花柄高 106~145 cm，花显著高于立叶；花期早，群体花期长，6 月初始花至 8 月底。着花密，开花 16~24 朵／m²。花蕾卵形，紫红色脉明显，基部黄绿色；花态碟状，花型重台型；花瓣 146~178 枚，花径 19~24 cm，最大瓣 10.2 cm×6.6 cm。瓣尖紫红色（Red-Purple Group 60C），中部白色（White Group 155D，紫红色瓣脉明显），基部黄色（Yellow Group 3C）。雄蕊 130~152 枚，部分瓣化，附属物淡黄色。雌蕊泡状，心皮 16~24 枚。花托倒圆锥状、顶面凸。

该品种色彩艳丽，花态规整，花量大，宜做切花。

图 7-3-37　鸡鸣暮鼓

38. '南诏雪峰'（图 7-3-38）

2018 年由江苏省中国科学院植物所与南京艺莲苑花卉有限公司联合选育。育种方法：人工杂交，母本'雨落花台'，父本'巨无霸'。已申请植物新品种权。

中株型品种。立叶高 58~75 cm，叶径（34~50）cm×（40~58）cm，成熟叶深绿色、表面光滑。花柄高 79~106 cm，花显著高于立叶。花期早，群体花期长，6 月初始花至 8 月底。着花较密，开花 12~18 朵/m²。花蕾阔卵形，绿色、尖红色。花态叠球状，花型重瓣型；花瓣 475~507 枚，花径 21~26 cm，最大瓣 13.2 cm×9.2 cm。花白色（White Group 155B），基部淡黄色（Yellow Group 3D），外瓣瓣尖一点红色（Red-Purple Group 58A）。雄蕊 138~156 枚，附属物白色。雌蕊正常，心皮 11~19 枚。花托倒圆锥状、顶面平，基本不结实。

该品种大花型、观赏性佳，宜做切花品种。与母本'雨落花台'相比，本品种花型更大，花态更加飘逸洒脱。

图 7-3-38　南诏雪峰

39.‘秦淮灯影’（图 7-3-39）

2018 年由江苏省中国科学院植物所与南京艺莲苑花卉有限公司联合选育。育种方法：实生选种，母本‘秦淮月夜’。已申请植物新品种权。

大株型品种。立叶高 52~89 cm，叶径（32~45）cm ×（39~52）cm，成熟叶深绿色、表面光滑。花柄高 69~113 cm，花显著高于立叶。花期早，群体花期长，6 月中始花至 8 月下旬。着花密，开花 12~25 朵 / m²。花蕾阔卵形，黄绿色，尖红色；花态叠球状，花型重台型；花瓣数 373~443，花径 16~20 cm，最大瓣 8.6 cm × 5.7 cm。瓣尖紫红色（Red-Purple Group 59D），红色脉纹延伸，基部黄色（Yellow Group 2A）；变瓣黄绿色（Yellow-Green Group 144B）。雄蕊完全瓣化，偶见雄蕊。雌蕊全部泡状或瓣化，心皮 14~19 枚。花托退化，不结实。

该品种为复色重台型，花色独特，颜色丰富有层次，最外层黄绿色、外瓣红色近古铜色、内层变瓣黄绿色，花态叠球状、饱满。与母本‘秦淮月夜’相比，该品种花色更加丰富灵动，且花量更大。

图 7-3-39　秦淮灯影

40. '秦淮桨声'（图 7-3-40）

2018 年由南京艺莲苑花卉有限公司与江苏省中国科学院植物所联合选育。已申请植物新品种权。

中株型品种。立叶高 37~48 cm，叶径（29~38）cm×（33~42）cm，成熟叶深绿色、表面光滑。花柄高 50~67 cm，花显著高于立叶。花期早，群体花期长，6 月中始花至 8 月下旬。着花较密，开花 7~14 朵 / m²。花蕾卵形，黄绿色，尖红色；花态碗状，花型重瓣型；花瓣 140~153 枚，花径 18~21 cm，最大瓣 9.5 cm×5.7 cm。瓣尖边缘红色（Red-Purple Group 58A），红色脉纹延伸，基部黄色（Yellow Group 3B）。雄蕊 28~38 枚。雌蕊正常，心皮 17~28 枚。花托扁圆形、顶面凸，极少结实。

图 7-3-40　秦淮桨声

41.'紫金朝霞'（图 7-3-41）

2018 年由南京艺莲苑花卉有限公司与江苏省中国科学院植物所联合选育。育种方法：实生选种，母本'土心缘'。已申请植物新品种权。

中株型品种。立叶高 52~81 cm，叶径（28~37）cm×（35~49）cm，成熟叶绿色且叶尖紫红色、表面光滑。花柄高 76~119 cm，花显著高于立叶；花期早，群体花期长，6 月中始花至 8 月下旬。着花密，开花 18~21 朵 / m²。花蕾卵形，黄绿色，尖红色；花态碟状，花型重台型；花瓣 159~180 枚，花径 19~26 cm，最大瓣 10.6 cm×7.0 cm。瓣尖边缘红色（Red-Purple Group 60C），中部白色（White Group 155C），基部淡黄色（Yellow Group 3D）。雄蕊 230~251 枚，附属物白色。雌蕊泡状或瓣化，心皮 12~23 枚。花托倒圆锥状、顶面凸，不结实。

该品种为复色重台型，花瓣瓣尖边缘及下表面红色瓣脉明显；花态碟状，内外瓣分界明显、排列规整。与母本'土心缘'相比，该品种花色更加新颖，淡妆如画，红色镶边，观赏性更佳。

图 7-3-41　紫金朝霞

42. '草原之梦'（图 7-3-42）

2018 年由华南农业大学与南京艺莲苑花卉有限公司联合选育。育种方法：实生选种，母本为'金叠玉'，父本为'舞剑'。已申请植物新品种权。

大中型品种。立叶高 85 cm，叶径 26~33 cm。花柄高 132 cm。早花期，花期长，5 月 14 日始花。着花量多，每盆 7 朵。花蕾卵圆锥形，花态碗状，花型重台型；花瓣 245 枚，花径 16 cm。花黄色。雄蕊部分瓣化。雌蕊全泡化。盆栽不能结实。

图 7-3-42　草原之梦

43.'钟山喜讯'（图7-3-43）

2020年由南京艺莲苑花卉有限公司与江苏省中国科学院植物研究所联合选育。已申请植物新品种权。

中株型品种。立叶高50~63 cm，叶径（19~26）cm×（26~33）cm，成熟叶深绿色、表面光滑。花柄高55~70 cm，花显著高于立叶；花期早，群体花期长，6月初始花至8月下旬。着花密，开花16~21朵/m²。花蕾阔卵形，基部黄绿色、上部红色；花态碗状，花型重瓣型；花瓣140~165枚，花径10~15 cm，最大瓣8.3 cm×6.5 cm。花上部紫红色（Red-Purple Group 61B）、中部白色（Green-White Group 157A），基部黄绿色（Yellow Group 4A）。雄蕊约128枚，部分瓣化，附属物白色、较大（4 mm×1 mm）。雌蕊正常，心皮12~16枚。花托侧面黄绿色（Yellow-Green Group 145A），青熟花托倒圆锥状、表面显红色，可结实。种子卵圆形、褐色。

图 7-3-43　钟山喜讯

44. '叶榆文献'（图 7-3-44）

2020 年由南京艺莲苑花卉有限公司与南京农业大学联合选育。已申请植物新品种权。

中株型品种。立叶高 50~77 cm，叶径（27~33）cm×（34~45）cm。花柄高 75~92 cm，花显著高于立叶。花期极早，5 月底可始花，群体花期长。着花密，开花 18~26 朵/m²。花蕾卵形，主色紫红色，次色绿色；花态碟状，花型重瓣型；花瓣 329 枚。花径 16~21 cm，最大瓣 10.9 cm×6.4 cm，最小瓣 3.0 cm×0.4 cm。瓣尖深紫红色（Red-Purple Group 64B），中下部白色（White Group 155A），基部淡黄色（Yellow Group 4A）。雄蕊约 51 枚，部分瓣化，附属物白色，大小约 0.4 cm×0.1 cm。雌蕊正常，心皮 8~17 枚。青熟花托侧面黄绿色（Yellow-Green Group 144A），倒圆锥形，能结实。

该品种观赏性佳，花态挺拔。

图 7-3-44　叶榆文献

45.'叶榆旧事'（图7-3-45）

2020年由南京艺莲苑花卉有限公司与江苏省中国科学院植物研究所联合选育。已申请植物新品种权。

大株型品种。立叶高53~92 cm，叶径（27~34）cm×（30~41）cm；成熟叶绿色且叶尖紫红色、表面光滑。花柄高62~92 cm，花显著高于立叶。花期早，群体花期长，6月初始花至8月底。着花密，开花14~26朵/m²。花蕾卵形，黄绿色、上部红色；花态叠球状，花型重台型；花瓣363~398枚，花径11~15 cm，最大瓣10.2 cm×6.5 cm。花复色，瓣尖紫红色（Red-Purple Group 64C），中部黄绿色（Yellow-Green Group 154D），基部黄色（Yellow Group 3C）；变瓣绿色。雄蕊完全瓣化。雌蕊全部泡状，心皮18~32枚。花托侧面黄绿色（Yellow-Green Group 144B）；不结实。

该品种花量大，花色新颖，花瓣不易凋落、单朵花期长，心皮泡状、规整，青熟花托亦具有较佳的观赏性。

图 7-3-45　叶榆旧事

211

46.'壬寅旋律'（图7-3-46）

2020年由南京艺莲苑花卉有限公司与江苏省中国科学院植物研究所联合选育。已申请植物新品种权。

中株型品种。立叶高36~53 cm，叶径（20~25）cm×（26~32）cm，成熟叶深绿色、表面光滑。花柄高54~62 cm，花显著高于立叶。花期早，群体花期长，6月中始花至8月下旬。着花繁密，开花16~28朵/m²。花蕾卵形，黄绿色、尖红色；花态碗状，花型重台型；花瓣316~396枚，花径11~13 cm，最大瓣6.7 cm×4.8 cm。花复色，最外层绿色（Yellow-Green Group 144A），瓣尖紫红色（Red-Purple Group 60D），中部淡黄色（Green-Yellow Group 1C），基部黄绿色（Green-Yellow Group 1B）。雄蕊几乎完全瓣化。雌蕊泡状或瓣化，心皮9~12枚。花托侧面黄绿色（Yellow-Green Group 144B），成熟花托喇叭状、泡状或瓣化心皮宿存，不结实。

该品种为优秀的切花专用型新品种，花色复色、清雅如画，观赏性高；瓶插期5天左右，花量大，花苞最外层2片萼片松动时即可采收，可人为打开（此时花色艳丽）。

图 7-3-46　壬寅旋律

47.'壬寅丰收'（图7-3-47）

2020年由南京艺莲苑花卉有限公司与江苏省中国科学院植物研究所联合选育。已申请植物新品种权。

中株型品种。立叶高57~71 cm，叶径（26~34）cm×（29~36）cm；成熟叶深绿色、表面光滑。花高59~72 cm，花显著高于立叶。花期早，群体花期长，6月中始花至8月底。着花繁密，开花23~32朵/m²。花蕾卵形，黄绿色，尖红色；花态碟状，花型重瓣型；花瓣80~98枚，花径19~22 cm，最大瓣9.6 cm×5.3 cm。花复色，瓣尖红色（Red-Purple Group N57C），中部黄色（Yellow Group 4D），基部黄色（Yellow Group 5C）。雄蕊148枚，部分瓣化，附属物淡黄色，大小4.0 mm×1.5 mm。雌蕊发育正常，心皮10~18枚。花托侧面黄绿色（Yellow-Green Group 144C）；青熟花托顶面带红色，成熟花托倒圆锥状；可结实。成熟种子卵圆形、褐色。

该品种花色新颖，花态雅致、有姿态（花形偏扁平似盘、外层花瓣有弧度且瓣尖内卷，内瓣细碎镶花边），如画如诗气质佳。

图 7-3-47　壬寅丰收

48.'壬寅大暑'（图7-3-48）

2020年由南京艺莲苑花卉有限公司选育。育种方法：实生选种，母本'土心缘'。已申请植物新品种权。

中株型品种。立叶高49~73 cm，叶径（37~45）cm×（43~50）cm；成熟叶深绿色、表面光滑。花柄高49~73 cm，花显著高于立叶。花期早，群体花期长，6月上始花至9月下旬。着花密，开花19~21朵/m²。花蕾阔卵形，粉色；花态碗状，花型重瓣型；花瓣139~186枚，花径18~22 cm，最大瓣11.8 cm×8.2 cm。花复色，瓣尖红色（Red-Purple Group N66C），中部白色（White Group NN155B），基部淡黄色（Yellow Group 2C），变瓣黄绿色（Yellow-Green Group 144C）。雄蕊230~271枚，雄蕊附属物白色。雌蕊正常，心皮28~38枚。花托碗形、顶面平，不结实。

图7-3-48　壬寅大暑

49. '钟山书楼'（图 7-3-49）

2020 年由南京艺莲苑花卉有限公司选育。

中株型品种。立叶高 45~78 cm，叶径（19~30）cm×（24~34）cm；成熟叶深绿色、表面光滑。花柄高 49~72 cm，花显著高于立叶。花期早，群体花期长，6 月上始花至 9 月中旬。着花密，开花 26~32 朵 /m²。花蕾阔卵形，红色；花态叠球状，花型重台型；花瓣 209~246 枚，花径 14~18 cm，最大瓣 8.6 cm×6.2 cm。花复色，瓣尖紫红色（Red-Purple Group 61B），中部紫红色（Red-Purple Group 67D），基部白色（White Group 155C）。雄蕊完全瓣化，雌蕊泡状或瓣化。心皮 10~14 枚。花托倒杯状、顶面平，不结实。

图 7-3-49　钟山书楼

50. '秦淮晨雾'（图 7-3-50）

2020 年由南京艺莲苑花卉有限公司与江苏省中国科学院植物研究所联合选育。已申请植物新品种权。

中株型品种。立叶高 47~68 cm，叶径（24~33）cm×（28~38）cm；成熟叶深绿色、表面光滑。花柄高 63~82 cm，花显著高于立叶。花期早，群体花期长，6 月中始花至 8 月底。着花密，开花 20~25 朵 /m²。花蕾阔卵形，绿色；花态碟状，花型重瓣型；花瓣 295~339 枚，花径 12~17 cm，最大瓣 7.4 cm×4.8 cm。花绿色（Yellow-Green Group 145C），基部黄色（Yellow Group 3C）。雄蕊 30~89 枚，部分瓣化，附属物白色。雌蕊正常，心皮 24~34 枚；花托侧面黄绿色（Yellow-Green Group N144A），顶面绿色；成熟花托伞形、顶面凸，极少结实。

该品种花朵清新婉约、温润如玉，气质佳。青熟花托（莲蓬）亦观赏性佳。该品种可盆栽或池栽，亦可用于切花。

图 7-3-50　秦淮晨雾

51.'雨落倾城'（图7-3-51）

2020年由南京艺莲苑花卉有限公司与南京农业大学联合选育。

大株型品种。立叶高67~88 cm,叶径（28~38）cm×（34~43）cm。花柄高75~95 cm,花显著高于立叶。花期极早,5月底始花,群体花长。着花较密,开花14~18朵/m²。花蕾卵形,主色紫红色,次色绿色;花态碟状,花型重瓣型;花瓣212枚,花径16~22 cm,最大瓣9.4 cm×6.5 cm,最小瓣2.0 cm×0.2 cm。瓣尖深紫红色（Red-Purple Group 61A）,中下部淡绿色（Green-White Group 61B）,基部淡黄色（Yellow Group 4C）。雄蕊约181枚,部分瓣化,附属物白色,大小约0.4 cm×0.15 cm。雌蕊正常,心皮14~18枚。青熟花托侧面黄绿色（Yellow-Green Group 144B）,喇叭形,能结实。

该品种观赏性佳,花态饱满、规整,适宜做切花。

图7-3-51 雨落倾城

参考文献

［1］曾长立,李靖玉,董元火,2021.切花优质高效栽培与采后保鲜技术［M］.武汉:华中科技大学出版社.

［2］刘美琴,2014.观赏植物贮藏保鲜技术［M］.厦门:厦门大学出版社.

［3］王诚吉,马惠玲,2004.鲜切花栽培与保鲜技术［M］.西安:西北农林科技大学出版社.

［4］陈高仁,2005.插花［M］.杭州:浙江科学技术出版社.

［5］高俊平,2002.观赏植物采后生理与技术［M］.北京:中国农业大学出版社.

［6］程冉,赵燕燕,2015.鲜切花生产与保鲜技术［M］.北京:中国农业出版社.

［7］吴红芝,赵燕,2012.鲜切花综合保鲜与疑难解答［M］.北京:中国农业出版社.

［8］周学青,夏宜平,1994.鲜切花栽培和保鲜技术［M］.上海:上海科学技术出版社.

［9］李宪章,1998.切花保鲜技术［M］.北京:金盾出版社.

［10］胡绪岚,1996.切花保鲜新技术［M］.北京:中国农业出版社.

［11］熊丽,李金泽,2006.云南省非洲菊切花生产技术规程［M］.昆明:云南科技出版社.

［12］李天容,丁建庆,2014.插花艺术［M］.北京:科学出版社.

［13］朱迎迎,张虎,2003.插花艺术［M］.北京:中国林业出版社.

［14］李尚志,2013.荷文化与中国园林［M］.武汉:华中科技大学出版社.

［15］王莲英,秦魁杰,2019.中国传统插花艺术［M］.北京:化学工业出版社.

［16］蔡俊清,林伟新,1989.插花［M］.桂林:漓江出版社.

［17］王嫣嫣,赵富强,赵海英,2005.插花［M］.长春:吉林文史出版社.

［18］周武忠,张丽娟,2006.插花创作与欣赏［M］.北京:中国农业出版社.

［19］胡龙华,2011.插花技艺［M］.北京:中国农业科学技术出版社.

［20］张艳红,2010.插花基本技能［M］.北京:中国林业出版社.

［21］侯庆莉,2009.插花艺术(技能篇)［M］.重庆:西南大学出版社.

［22］丁跃生,姚东瑞,2022.观赏荷花新品种选育［M］.南京:江苏凤凰科学技术出版社.

［23］王其超,张行言,2005.中国荷花新品种图志［M］.北京:中国林业出版社.

［24］张行言,陈龙清,王其超,2011.中国荷花新品种图志Ⅰ［M］.北京:中国林业出版社.

［25］王献,郑东方,2002.切花贮藏保鲜新技术［M］.郑州:中原农民出版社.

［26］喻晓燕,张光弟,2010.花卉采后保鲜技术［M］.银川:宁夏人民出版社.

［27］罗云波,生吉萍,2010.园艺产品贮藏加工学·贮藏篇［M］.北京:中国农业大学出版社.

［28］黄绵佳,2007.热带园艺产品采后生理与技术［M］.北京:中国林业出版社.

［29］吴中军,夏晶晖,2020.切花百合生理及栽培保鲜技术［M］.成都:西南交通大学出版社.

［30］何生根,冯常虎,1996.切花生产与保鲜［M］.北京:中国农业出版社.

［31］孔德政,李永华,2006.鲜切花生产技术［M］.郑州:中原农民出版社.

［32］王朝霞,2009.鲜切花生产技术［M］.北京:化学工业出版社.

［33］李峰,柯卫东,2016.莲藕安全高效生产技术［M］.武汉:湖北科学技术出版社.

［34］张光弟,2008.园艺产品采后保鲜原理与技术［M］.银川:宁夏人民教育出版社.

［35］赵祥云,张克中,卢圣,1999.百合［M］.太原:山西科学技术出版社.

［36］应淑琴,王文,1989.插花艺术［M］.南京:江苏科学技术出版社.

［37］王立平,2009.插花艺术进级速成［M］.北京:中国林业出版社.

［38］何淼,李雷鸿,杨金艳,2008.鲜切花生产技术［M］.哈尔滨:东北林业大学出版社.